Coletivo**660** Chico Whitaker
Jorge Abrahão
José Correa Leite
Luiz Marques
Mauri Cruz
Moema de Miranda
Salete Valesan
Sérgio Haddad
Oded Grajew

apoio
Janaina Uemura

 conselho editorial
Bianca Oliveira
João Peres
Tadeu Breda

edição
Tadeu Breda

assistência de edição
Richard Sanches

preparação
Alyne Azuma

revisão
Beatriz de Freitas Moreira
Mariana Favorito

capa & projeto gráfico
Bianca Oliveira

Maristella Svampa

As fronteiras do neoextrativismo na América Latina

—

Conflitos socioambientais, giro ecoterritorial e novas dependências

tradução
Lígia Azevedo

Apresentação 7

Introdução 17

1. Neoextrativismo e desenvolvimento 23

1.1. Extrativismo e neoextrativismo 24
1.2. Neoextrativismo como "janela privilegiada" 28
1.3. Neoextrativismo como estilo de desenvolvimento e modelo socioterritorial 33
1.4. Consenso das *Commodities* e ilusão desenvolvimentista 36

2. Conflitos socioambientais e linguagens de valorização 45

2.1. Fases do neoextrativismo 46
2.2. Territórios e novas linguagens de valorização 55
2.3. Matrizes político-ideológicas e giro ecoterritorial das lutas 59
2.4. Conflitos socioambientais e suas escalas 64

3. Alcance do giro ecoterritorial 77

3.1. Temas do giro ecoterritorial 78
3.2. Neoextrativismo e povos indígenas 83
3.3. Feminismos populares do Sul 91

4. Rumo a um neoextrativismo de formas extremas 97

4.1. O avanço da violência extrativista 98
4.2. Enclaves e territorialidades criminais 101
4.3. A outra face do patriarcado: extrativismo e redes de violência 107
4.4. Expansão das energias extremas e novos conflitos 110
4.5. Ampliação da geografia da extração 118

5. Fim de ciclo e novas dependências 125

5.1. China e uma nova dependência 126
5.2. O fim do ciclo progressista como língua franca 132
5.3. Limites do progressismo existente 138

Reflexões finais 143

Dimensões da crise sistêmica 143
Dimensões da crise: o Antropoceno 144
Antropoceno, crítica ao neoextrativismo e alternativas 150
Abordagens relacionais e vias da interdependência 157
As dimensões da crise na América Latina 162

Referências bibliográficas 169

Sobre a autora 188

Apresentação

José Correa Leite

É com muito orgulho que o Coletivo 660 apresenta a edição brasileira de *As fronteiras do neoextrativismo na América Latina: conflitos socioambientais, giro eco-territorial e novas dependências*, da socióloga argentina Maristella Svampa. A obra sintetiza muitas das preocupações que nos moveram no lançamento de *O eclipse do progressismo: a esquerda latino-americana em debate*, organizado por nós, e *Alternativas sistêmicas: Bem Viver, decrescimento, comuns, ecofeminismo, direitos da Mãe Terra e desglobalização*, organizado por nosso amigo Pablo Solón, ambos publicados pela Editora Elefante.

Esses três livros compartilham um corpo de análises críticas sobre as economias e as sociedades em que vivemos. A publicação deles configura uma mutação na intervenção dos membros de nosso coletivo, até então envolvidos com uma atividade igualmente crítica, mas essencialmente prática. Algumas ideias propostas por Maristella Svampa, como o Consenso das *Commodities* e o giro ecoterritorial dos movimentos sociais, eram discutidas por nós desde que ajudamos a organizar, em janeiro de 2009, o Fórum Social Mundial de Belém, marcado por uma grande mobilização dos povos indígenas, das comunidades tradicionais e dos movimentos ambientais contra o projeto socioeconômico implementado pelos governos progressistas latino-americanos.

Aquele Fórum Social Mundial se deu no contexto da

preparação da 15ª Conferência das Partes da Convenção-
-Quadro das Nações Unidas sobre Mudança do Clima, a
COP15, que seria realizada em Copenhague, na Dinamarca,
em dezembro do mesmo ano. O fracasso daquela cúpula
levou à organização da Conferencia Mundial de los
Pueblos sobre el Cambio Climático y los Derechos de la
Madre Tierra, em Cochabamba, na Bolívia, em abril de
2010. Era um momento em que ainda parecia ser possível
alterar a postura dos governos progressistas diante do que
víamos como curso desastroso de fortalecimento do neoextrativismo. Envidamos nossos melhores esforços, mas não
fomos capazes de reverter o que acabou se convertendo na
manifestação mais evidente, em nossas terras, da "nova
razão do mundo" de Dardot e Laval.[1]

É fundamental difundir no Brasil o vigor do pensamento social latino-americano para desconstruir a colониali-
dade do poder e do saber presentes em nossas sociedades
— vigor que tem no pensamento de Maristella Svampa um
de seus pontos altos.

A história do Brasil é a expressão dessa colonialidade.
Como destaca Luiz Marques, duas "são as premissas da
história que nos fez o que somos: i) durante três quartos de
sua história, isto é, de 1500 a 1888, a sociedade brasileira
foi, em sua maioria, composta de escravizados e escravis-
tas ou beneficiários da escravidão. O Brasil foi de longe o
maior importador de escravizados do antigo sistema colonial e o último país do mundo ocidental a abolir 'oficialmente' a escravatura; ii) durante toda sua história de pouco
mais de quinhentos anos, mas, sobretudo, nos últimos cinquenta anos, as estruturas socioeconômicas fundamentais
da sociedade brasileira constituíram-se através da ocupação predadora e devastadora de seu território, em sentido

1 DARDOT, Pierre & LAVAL, Christian. *A nova razão do mundo:
ensaio sobre a sociedade neoliberal*. São Paulo: Boitempo, 2016.

leste-oeste, isto é, do litoral em direção ao interior, até atingir, após os anos 1960, os grandes biomas do Brasil central e norte-oriental: o Pantanal, o Cerrado e a Amazônia. Essas duas características são as premissas do Brasil, passado e presente, porque: a) sua magnitude é gigantesca, mesmo se medida em escala planetária; b) são elas as duas únicas invariantes da história brasileira; e c) as demais variáveis materiais e mentais constitutivas dessa sociedade dependem e decorrem delas. É daqui, portanto, que toda incursão ao Brasil deve partir".[2]

Em tempos em que o recrudescimento das queimadas na Amazônia ganha as capas dos jornais de todo o mundo e se torna agenda central na ONU, é importante lembrar que, antes que existisse um Brasil, os povos indígenas que aqui viviam tinham formas de produção que nem sequer foram reconhecidas como tais pelos conquistadores portugueses. A floresta, como a conhecemos, foi o resultado, de um lado, de seu cultivo ao longo de milênios por povos que chegaram a atingir grande produtividade agrícola e densidade demográfica e, de outro, também de seu despovoamento pelo genocídio de boa parte desses indígenas e a destruição de suas formas de vida com a chegada dos europeus, suas epidemias e conquistas coloniais. Gigantescas extensões da Amazônia tornaram-se parte da América portuguesa e, depois, do Império do Brasil e da República oligárquica. Nesses "Brasis", o modelo agrário extrativista, escravista e predador destinava-se a produzir mercadorias (açúcar, mineração, gado, tabaco, algodão, café etc.) para o exterior, rendas para as classes senhoriais e

2 MARQUES, Luiz. "Brasil: o legado da escravidão e o suicídio ambiental", em FURTADO, Peter (org.). *Histories of Nations: How Their Identities Were Forged*. Londres: Thames and Hudson, 2012.

trabalho ou genocídio para os povos submetidos. O escravismo foi responsável por muito da devastação "a ferro e fogo" da Mata Atlântica — que, todavia, se intensificou no século xx. O Cerrado, a Amazônia e o Pantanal foram se transformando, então, em "fronteiras agrícolas", expressão desse imaginário destrutivo.

O "desenvolvimento", que hoje parece naturalizado, quase inerente à história humana, emergiu no século xx como reivindicação não só do Brasil, mas dos povos que se constituíam enquanto nações, como um pré-requisito para a efetivação de sua soberania. A ruptura com a dominação da oligarquia cafeeira paulista, em 1930, inseriu-se em um movimento mais amplo de crise econômica, retração do mercado mundial e disputas pela hegemonia global, que culminaria na Segunda Guerra Mundial.

Essa aspiração, que Maristella Svampa caracteriza como populista ou nacional-popular, foi central na América Latina; a Comissão Econômica para a América Latina e o Caribe (Cepal) das Nações Unidas se tornou a grande matriz dessa visão de mundo, reivindicada por quase toda a esquerda. Seu industrialismo e nacional-desenvolvimentismo dialogava tanto com o *American way of life* — que, nos marcos da regulação fordista-keynesiana, propugnava uma sociedade de consumo de massas — quanto com o projeto de industrialização soviético, que se tornou o modelo de sociedade para o movimento comunista internacional. Capitalismo, social-democracia e socialismo soviético compartilharam um horizonte comum de futuro, uma sociedade de crescimento, consumo e abundância à qual subordinavam as demais dimensões do registro social.

Mas o "desenvolvimento" se deu, no Brasil e em toda a periferia e semiperiferia do capitalismo, quase sem rupturas com as estruturas anteriores de dominação política e social — classistas, patriarcais, racializantes e especistas: deu-se sem negar o passado escravista e destruidor da natureza que, de morada ou território, foi transformada em "recurso natural" a ser explorado até a exaustão.

O desenvolvimento culminou, em nosso país, na obra da ditadura (1964-1985), que, sob o lema do "integrar para não entregar", expandiu a teia da acumulação de capitais sobre todo o território nacional — da expansão da soja no Cerrado à barragem de quase todos os rios do Sudeste, das usinas nucleares de Angra à hidrelétrica de Tucuruí, da devastação das Minas Gerais pela Vale do Rio Doce à rodovia Transamazônica. Da indústria automobilística à petrolífera, da exploração madeireira à pecuária, as políticas geridas desde Brasília, Rio de Janeiro ou São Paulo — ecos daquelas originadas em Londres, Nova York ou Tóquio — representaram destruição humana, ambiental e cultural.

Nada disso foi alterado, seja com a desregulamentação neoliberal, seja com o progressismo do início do século XXI. O que este último fez foi direcionar parte das rendas auferidas com a crescente adaptação extrativista da economia brasileira à divisão internacional do trabalho do neoliberalismo (o agronegócio como "vanguarda" de uma suposta indústria, o pré-sal como "bilhete premiado" do Brasil) para programas sociais e objetivos progressistas — sem, todavia, transformar as estruturas arcaicas de poder e dominação, que reemergiriam de forma ainda mais brutal e perversa com a eleição de Jair Bolsonaro em 2018.

O desenvolvimentismo produziu grandes desastres no Brasil: do incêndio florestal no Paraná, em 1963, que atingiu 10% da área do estado e matou pelo menos 110 pessoas, à explosão do duto da Petrobras na favela da Vila Socó, em Cubatão, em 1984, que matou oficialmente 93 pessoas. Mas a escala da devastação ambiental cresceu enormemente com as políticas neoextrativistas seguidas por todos os governos brasileiros desde o final da ditadura.

O rompimento de uma barragem de rejeitos da Samarco (consórcio entre Vale e BHP Billiton) em Mariana, em 2015, matou dezenove pessoas e destruiu o Rio Doce; duas semanas depois, os dejetos atingiram a foz desse importante curso de água e seu delicado ecossistema. Em 2019, o rompimento da barragem da mina do Córrego do Feijão (também da Vale) em Brumadinho matou mais de 240 pessoas, competindo com o desastre de Val di Stava, no norte da Itália, ocorrido em 1985, como o rompimento de barragem mais letal do mundo.

Mas esses são os pontos fora da curva de milhares de "acidentes" e episódios de devastação cotidianos que ocorrem por todo o país, das plataformas petrolíferas das bacias de Campos e de Santos aos garimpos clandestinos da Amazônia, dos envenenamentos por agrotóxicos à extinção de espécies animais e vegetais. A difusão dos "desertos verdes" — sejam campos de soja, culturas de cana ou plantações de eucaliptos — se soma à expansão da pecuária. Para uma parcela das classes dominantes, o gado, como mercadoria, vale mais do que as pessoas. Somos extrativistas e agroexportadores, mas, no Brasil, a produção direta ou indireta de proteína animal — isto é, de animais criados para morrer, muitas vezes de forma cruel — também é um fator da destruição dos territórios e dos povos que nele habitam, além de contribuir para o aquecimento global.

A artista plástica e filósofa afro-lusitana Grada Kilomba nos lembra de que "uma sociedade que vive na negação, ou até mesmo na glorificação, da história colonial não permite que novas linguagens sejam criadas. Não permite que seja a responsabilização, e não a moral, a criar novas configurações de poder e de conhecimento".[3] Uma contribuição decisiva da obra de Maristella Svampa é a formulação de

---

3 KILOMBA, Grada. *Memórias da plantação*. Rio de Janeiro: Cobogó, 2019.

um novo vocabulário para uma nova linguagem que nos permita nominar a herança colonial, patriarcal, escravista e predatória, e sem a qual não podemos acertar contas com o passado para assim visualizar ou imaginar outra sociedade.

Do Consenso das *Commodities* ao neoextrativismo como modelo socioterritorial, do giro ecoterritorial das lutas às matrizes político-ideológicas da esquerda, novos conceitos desdobrados no livro mapeiam as mutações das nossas formações sociais. A noção de território se converte em um "*conceito social total*, a partir do qual é possível visualizar o posicionamento dos diferentes atores em conflito e [...] analisar as dinâmicas sociais e políticas". Isso permite que Maristella Svampa dê a devida centralidade à luta dos povos indígenas e dos feminismos populares do Sul, mas que também valorize sua utilidade para analisar os territórios urbanos e suas resistências — dimensões que estamos agora vivendo no Brasil — e desnude igualmente as formas extremas do neoextrativismo, com seu cortejo de enclaves, territorialidades criminais, patriarcalismo e racismo exacerbados e maior destruição ambiental, sempre mantidas por meio da violência e alimentando-a. Maristella Svampa relaciona isso à expansão econômica chinesa e às novas formas de dependência a que nossos povos são submetidos.

Bruno Latour mostrou que a desregulamentação do capitalismo na era neoliberal, o aguçamento da competição global, a explosão das desigualdades e a negação das mudanças climáticas são "sintomas de uma mesma situação histórica: é como se um setor significativo das classes governantes (hoje frouxamente conhecidas como 'as elites') tivesse concluído que a Terra já não tinha espaço suficiente para eles e para todo mundo mais. Consequentemente, decidiu que era inútil agir como se a história estivesse se movendo em direção a um horizonte comum, rumo a um mundo no qual todos os humanos pudessem prosperar igualmente. Dos anos 1980 em diante, as classes dominantes pararam de propor-se a liderar e, em vez disso, começaram a se entrincheirar ante o mundo".[4] No mesmo processo em que a concorrência se torna o princípio regulador não apenas do mercado, mas da esfera pública e das relações humanas, há um desassalariamento da classe trabalhadora, e as redes sociais permitem que a psicopolítica (no conceito proposto pelo sul-coreano Byung-Chul Han) se articule de maneira indissociável com a necropolítica (definida pelo camaronês Achile Mbembe). A modulação dos comportamentos — todos eles, dos políticos aos sexuais, dos estilos de vida à imaginação — se combina com a descartabilidade de gigantescos segmentos da população mundial.

Destaco a importância das extensas considerações finais de Maristella Svampa neste livro, centradas na definição de que entramos em uma nova era da história humana e planetária, o Antropoceno, expressão de uma crise da civilização moderna e capitalista. Seu texto sumariza, de maneira elegante, vários debates suscitados por esse diagnóstico, das políticas de transição ao lugar específico que a América Latina ocupará no Novo Mundo. A autora também dialoga com as ontologias relacionais desenvolvidas por antropólogos como Philippe Descola e Eduardo Viveiros de Castro, que demandam uma cosmopolítica que ensine aos brancos a sabedoria dos índios em sua relação com a teia da vida.

Pensar o Antropoceno é, para Christophe Bonneuil e Jean-Baptiste Fressoz, "abandonar a esperança de sair de uma 'crise ambiental' que seria passageira. A ruptura irreversível está atrás de nós, nesse momento breve e irreversível de dois séculos de crescimento industrial.

---

4 LATOUR, Bruno. *Down to Earth: Politics in the New Climatic Regime*. Londres: Polity Press, 2018.

O Antropoceno está aí. É a nossa nova condição".[5] Deve-se, portanto, aprender a viver de forma nova nesta Terra Nova. Reaprender a "arte de ter cuidado", ou, segundo a filósofa belga Isabelle Stengers, "aprender a experimentar os dispositivos que nos tornam capazes de viver tais provações sem cair na barbárie, de criar o que alimenta a confiança onde a impotência assustadora ameaça".[6] É preciso, portanto, para retomar as conclusões de Bonneuil e Fressoz, "viver na diversidade de direitos e de condições, nos laços que libertam as alteridades humanas e não humanas, no infinito das aspirações, na sobriedade dos consumos e na humildade das intervenções. 'Quais palavras devemos semear, para que os jardins do mundo voltem a se tornar férteis?', pergunta-se a poetiza Jeanine Salesse. Quais histórias devemos escrever para aprender a viver no Antropoceno?".

São Paulo, setembro de 2019

5   BONNEUIL, Christophe & FRESSOZ, Jean-Baptiste. *The Shock of the Anthropocene: The Earth, History and Us*. Londres: Verso, 2017.

6   STENGERS, Isabelle. *No Tempo das catástrofes: resistir à barbárie que se aproxima*. São Paulo: Cosac Naify, 2015.

Introdução

No começo do século XXI, as economias latino-americanas se viram enormemente favorecidas pelos altos preços internacionais dos produtos primários (*commodities*) e começaram a viver um período de crescimento econômico. Essa nova conjuntura coincidiu com uma época caracterizada por intensas mobilizações sociais e pelo questionamento do consenso neoliberal e das formas mais tradicionais de representação política. Posteriormente, em diversos países da região, o ciclo de protestos foi coroado pelo surgimento de governos progressistas, de esquerda ou centro-esquerda, que, apesar das diferenças, combinaram políticas econômicas heterodoxas com a ampliação do gasto social e a inclusão por meio do consumo. Teve início então o que foi denominado de ciclo progressista latino-americano, que se estendeu pelo menos até 2015-2016.

Durante esse período de lucro extraordinário, para além de referências ideológicas, os governos latino-americanos tenderam a dar ênfase às vantagens comparativas do *boom* das *commodities*, negando ou minimizando as novas desigualdades e assimetrias econômicas, sociais, ambientais ou territoriais proporcionadas pela exportação de matérias-primas em grande escala. Com o passar dos anos, todos os governos latino-americanos, sem exceção, possibilitaram a volta com força de uma visão produtivista do desenvolvimento e buscaram negar ou encobrir as discussões acerca das implicações (impactos, consequências, danos) do modelo extrativista exportador. Mais ainda: de modo deliberado, multiplicaram os grandes empreendimentos mineradores e as megarrepresas, ao mesmo tempo que ampliaram a fronteira petrolífera e agrária, a última por meio de monoculturas como soja, biocombustíveis e coqueiro-de-dendê.

Diante do desenrolar dos conflitos, um conceito, dotado de dimensões analíticas e com grande carga mobilizadora, começou a ser aplicado paulatinamente à região para caracterizar o fenômeno emergente: *neoextrativismo*. É claro que não se tratava de algo absolutamente novo, pois as origens do extrativismo remontam à conquista e à colonização da América Latina pela Europa, nos primórdios do capitalismo. Entretanto, em pleno século XXI, o fenômeno do extrativismo adquiriu novas dimensões, não só objetivas — pela quantidade e pela escala dos projetos, pelos diferentes tipos de atividades, pelos atores nacionais e transnacionais envolvidos —, mas também subjetivas, a partir do surgimento de grandes resistências sociais, que questionaram o avanço vertiginoso da fronteira das *commodities* e, diante do espólio, foram elaborando outras linguagens e narrativas em defesa de outros valores — a terra, o território, os bens comuns, a natureza etc.

Ao mesmo tempo, a dimensão de disputa e conflito introduzida pela nova dinâmica de acumulação de capital baseada na pressão sobre os bens naturais, as terras e os territórios foi gerando confrontos, de um lado, entre organizações de agricultores e indígenas, movimentos socioterritoriais e coletivos ambientais e, do outro, entre governos e grandes corporações econômicas, o que abarca não só regimes conservadores e neoliberais, mas também os progressistas, que tantas expectativas políticas haviam despertado. Já definida como neoextrativismo, essa nova fase introduziu dilemas e cisões dentro do campo das organizações sociais mobilizadas e das esquerdas, que revelaram os limites dos progressismos de fato existentes, visíveis em seu vínculo com práticas políticas autoritárias e imaginários hegemônicos do desenvolvimento. Até 2013, o fim do chamado "superciclo das *commodities*", longe de significar um enfraquecimento, nos colocou diante de um aprofundamento do neoextrativismo em todos os países. Hoje, a consolidação da equação "mais extrativismo, menos democracia" aparece ilustrada pela flexibilização dos já escassos controles ambientais existentes, assim como pelo endurecimento dos contextos de criminalização e pelo aumento do número de assassinatos de ativistas ambientais, em meio à disputa por terra e pelo acesso a bens naturais.

Neste livro, me proponho a fazer um resumo da expansão do neoextrativismo na região latino-americana em cinco capítulos. Para isso, no capítulo 1, apresentarei alguns dos conceitos mais importantes relacionados a essa problemática, incluindo neoextrativismo, "Consenso das *Commodities*" e ilusão desenvolvimentista. Para justificar sua pertinência, darei conta do modo como esses conceitos lançam luz sobre a crise atual em suas diversas dimensões. No capítulo 2, abordarei os conflitos socioambientais, suas diferentes escalas e a nova linguagem de valorização do território que foi sendo criada no compasso dessas lutas, que denominei *giro ecoterritorial*. No capítulo 3, proponho enfocar as complexidades apresentadas pelo giro ecoterritorial atual como uma tendência presente nas lutas socioambientais, salientando os dilemas que passam pelo reconhecimento dos direitos indígenas, assim como a expansão de novas formas de feminismo popular na região. No capítulo 4, tratarei da nova fase do neoextrativismo por meio de suas formas extremas: territorialidades criminais, violência estatal e paraestatal, violência patriarcal e expansão das energias extremas. O capítulo 5 questiona o contexto geopolítico e as formas assumidas pela nova dependência em relação à China. Também explora os limites do ciclo progressista e propõe um balanço dele, seguindo a expansão do neoextrativismo.

O livro se encerra com uma reflexão sobre a crise sistêmica. Para tanto, retoma o conceito de Antropoceno, um diagnóstico que une a crise socioecológica de alcance mundial à crítica aos modelos de desenvolvimento vigentes. Ao mesmo tempo, avança em alguns conceitos-horizonte que perpassam a análise crítica e a linguagem dos movimentos sociais contra-hegemônicos tanto na América Latina quanto na Europa.

1. Neoextrativismo e desenvolvimento

Neste primeiro capítulo apresento os conceitos fundamentais mais gerais que guiarão a análise ao longo do livro, a saber: neoextrativismo, Consenso das *Commodities* e ilusão desenvolvimentista. Também proponho estabelecer os pontos de continuidade e de ruptura entre extrativismo e neoextrativismo.

1.1. Extrativismo e neoextrativismo

O neoextrativismo é uma categoria analítica nascida na América Latina e que possui uma grande potência descritiva e explicativa, assim como um caráter denunciativo e um amplo poder mobilizador. Às vezes aparece como categoria analítica e como conceito fortemente político, já que não "fala" de forma eloquente acerca das relações de poder e das disputas em jogo, e remete, para além das assimetrias existentes, a um conjunto de responsabilidades compartilhadas e ao mesmo tempo diferenciadas entre o Norte e o Sul globais, entre os centros e as periferias. Além disso, na medida em que alude a padrões de desenvolvimento insustentáveis e adverte sobre o aprofundamento de uma lógica de espólio, tem a particularidade de iluminar um conjunto de problemáticas multiescalares, que definem diferentes dimensões da crise atual.

Seria impossível, a esta altura, sintetizar suas contribuições e caracterizações, uma vez que há uma profusão de artigos e livros sobre o tema, que se estende ao uso que os atores afetados e movimentos sociais fazem da categoria do neoextrativismo. Nessa primeira aproximação, me interessa abordar algumas leituras que apontam para a pluridimensionalidade e a multiescalaridade do fenômeno. Assim, por exemplo, em termos de modelo de acumulação, todos os autores reconhecem as raízes históricas do extrativismo. Para o economista equatoriano Alberto Acosta (2012), "o extrativismo é uma modalidade de acumulação que começou a ser forjada maciçamente há quinhentos anos" e que é determinada desde então pelas demandas dos centros metropolitanos do capitalismo nascente. Nessa linha, como afirma o argentino Horacio Machado Aráoz (2013), o extrativismo não é só mais uma fase do capitalismo, ou um problema de certas economias subdesenvolvidas, mas constitui "um traço estrutural do capitalismo como economia-mundo", "produto histórico-geopolítico da diferenciação-hierarquização originada entre territórios coloniais e metrópoles imperais; os primeiros pensados como meros espaços de saque e apropriação das últimas". Em sintonia com essa leitura, o venezuelano Emiliano Terán Mantovani (2016, p. 257) defende que o neoextrativismo pode ser lido como um "modo particular de acumulação", principalmente quando se trata das economias latino-americanas, "que pode ser estudado a partir do âmbito social e territorial que abrange o Estado-nação, sem prejuízo de outras escalas de análise territorial".

Outros trabalhos de destaque consideram o extrativismo um estilo de desenvolvimento baseado na extração e apropriação da natureza "que alimenta um quadro produtivo escassamente diversificado e muito dependente de uma inserção internacional como fornecedor de matérias-primas". Assim, para o uruguaio Eduardo Gudynas, o extrativismo não se refere a um "modo de apropriação", mas a um modo de produção, ou seja, "um tipo de extração de recursos naturais" relacionado a atividades que removem grandes volumes ou alta intensidade de recursos naturais não processados (ou pouco processados) e destinados à exportação. Ao longo da história, existiram sucessivas gerações de extrativismos, destacando-se na atualidade os de terceira e quarta geração, caracterizados pelo uso intensivo de água, energia e recursos. Da mesma forma, há diferenças entre o extrativismo tradicional — que os governos mais conservadores da região replicam — e o neoextrativismo progressista, um novo tipo no qual o Estado desempenha um papel mais ativo na captação do excedente e na redistribuição, garantindo desse modo certo nível de legitimação social, ainda que com os mesmos impactos sociais e ambientais negativos (Gudynas, 2009b; 2015).

Do meu ponto de vista, que coincide com muitas dessas análises, a dimensão histórico-estrutural do extrativismo está vinculada à invenção da Europa e à expansão do capital. Associado à conquista e ao genocídio, o extrativismo na América Latina vem de longa data. Desde o tempo da colonização europeia, os territórios latino-americanos foram alvo de destruição e saques. Rica em recursos naturais, a região foi se reconfigurando no calor dos sucessivos ciclos econômicos impostos pela lógica do capital, por meio da expansão das fronteiras e das mercadorias — uma reconfiguração que, em nível local, implicou um grande contraste entre lucro extraordinário e extrema pobreza, assim como uma enorme perda de vidas humanas e a degradação de territórios, convertidos em áreas de sacrifício. Potosí, na Bolívia, marcou o nascimento de uma forma de apropriação da natureza em grande escala e de um modo de acumulação caracterizado pela exportação de matérias-primas e por um tipo de inserção subordinada à economia mundial. Especialização interna e dependência externa foram consolidando o que o venezuelano Fernando Coronil chamou de sociedades "exportadoras de natureza".

A história do extrativismo na região não é, todavia, linear, já que é atravessada pelos sucessivos ciclos econômicos, dependentes das demandas do mercado mundial,[7] assim como pelos processos de consolidação do Estado nacional — sobretudo em meados do século xx —, que permitiram determinado controle da renda extraordinária advinda tanto dos minérios quanto do petróleo.

No entanto, no começo do século xxi, o extrativismo adquiriu novas dimensões. Nesse contexto, no qual se

---

[7] Como bem assinala o sociólogo boliviano René Zavaletta (2009), tal rotação pode ser ilustrada pela história da economia peruana, que saltou do ciclo da prata e passou sucessivamente pelo *boom* da borracha, do guano e do salitre, e está agora, de novo, no auge da mineração.

podem registrar continuidades e rupturas, o conceito aparece recriado como neoextrativismo. Continuidades porque, no calor dos sucessivos ciclos econômicos, o DNA extrativista com que o capital europeu marcou a longa memória da região também foi alimentando certo imaginário social sobre a natureza e suas benesses. Em consequência, o extrativismo foi associado não apenas ao espólio e ao saqueio em grande escala dos bens naturais, mas também às vantagens comparativas e às oportunidades econômicas que emergiram com os diferentes ciclos econômicos e de papel do Estado. Não por acaso, diante do progressismo reinante, o extrativismo voltou a instalar fortemente a ilusão desenvolvimentista, traduzida na ideia de que, graças às oportunidades oferecidas pelo novo auge das *commodities* e, mais ainda, pelo papel ativo do Estado, seria possível alcançar o desenvolvimento.

E rupturas porque a nova fase de acumulação do capital, caracterizada por uma intensa pressão sobre bens naturais e territórios, e mais ainda pela expansão vertiginosa da fronteira das *commodities*, abriu caminho para novas disputas políticas, sociais e ecológicas, para resistências sociais impensáveis para o imaginário desenvolvimentista dominante — novas brechas de ação coletiva que questionaram a ilusão desenvolvimentista ao mesmo tempo que denunciaram a consolidação de um modelo de tendência à monocultura, que acaba com a biodiversidade e implica a grilagem de terras e a destruição de territórios.

1.2. Neoextrativismo como "janela privilegiada"

Com o intuito de abarcar o neoextrativismo contemporâneo, proponho uma leitura em dois níveis: uma mais geral, que o define como "janela privilegiada" para dar conta das dimensões da crise atual; e outra mais específica, que entende o neoextrativismo como um modelo sociopolítico e territorial, passível de ser analisado em escala nacional, regional ou local. O neoextrativismo como o compreendo, nas versões forjadas nos últimos quinze anos na América Latina, longe de ser uma categoria plana, constitui um conceito complexo, uma janela privilegiada para ler em suas complexidades e em seus diferentes níveis as múltiplas crises que atingem as sociedades contemporâneas.

Em primeiro lugar, o neoextrativismo se encontra no centro da acumulação contemporânea. De fato, como vários autores apontaram, o aumento do metabolismo social do capital no marco do capitalismo avançado exige, para sua manutenção, quantidades cada vez maiores de matérias-primas e energias, o que se traduz em uma pressão ainda maior sobre os bens naturais e os territórios. Ainda que o intercâmbio metabólico entre o ser humano e a natureza seja um tema que perpassa de modo marginal os escritos de Karl Marx,[8] ele é desenvolvido por vários representantes do marxismo crítico — e ecológico — em épocas mais recentes. Tanto James O'Connor (2001) como John Bellamy Foster (2000) destacam os custos dos elementos naturais que intervêm no capital constante e variável, o

---

8 Como aponta Michael Löwy (2011), essa perspectiva crítica ligada ao intercâmbio metabólico entre o ser humano e a natureza (que dá lugar à crise ecológica) se dissocia da vertente produtivista do marxismo predominante no século xx. Sobre o tema, ver Sacher (2016) e Delgado (2016).

arrendamento da terra e fatores externos negativos de todo tipo. Enquanto Bellamy Foster fala de "fratura metabólica", O'Connor denomina o processo de "segunda contradição do capitalismo", observando que "não há um termo único que tenha a mesma interpretação teórica que a taxa de exploração na primeira contradição" — capital/trabalho. Da mesma forma, ambos os autores destacam a apropriação e o uso autodestrutivo, pelo capital, da força de trabalho, da infraestrutura, do espaço urbano, da natureza ou do ambiente.[9]

Uma leitura complementar à chamada "segunda contradição do capitalismo" é oferecida pelo geógrafo David Harvey (2004), que enfatiza o processo de acumulação primitiva do capital, analisado por Marx em *O capital*, ou seja, a expropriação e o espólio da terra aos agricultores, que são então lançados no mercado de trabalho como proletários. A atualização dessa interpretação, muito citada na bibliografia latino-americana, destaca a importância da dinâmica de espoliação na etapa atual, que avança sobre bens, pessoas e territórios. Tal leitura reconhece um antecedente importante na obra de Rosa Luxemburgo, que, no começo do século XX, observava o caráter contínuo — não associado de modo exclusivo às origens do capitalismo — da "acumulação primitiva".

Em segundo lugar, o neoextrativismo lança luz sobre a crise do projeto de modernidade e, de modo

9   Nessa linha, já nos anos 1970, autores marxistas, como Henri Lefebvre, destacavam a necessidade de ampliar as leituras sobre a dinâmica do capital. Assim, diante da dialética "ossificada do capital e do trabalho", o sociólogo francês apelava a uma dialética do capital, do trabalho e do solo, não apenas em referência aos poderes da natureza, mas dos agentes associados a ela, inclusive o Estado, que exerce soberania sobre um território nacional. Citado em Coronil (2002).

mais geral, sobre a atual crise socioecológica. Sem dúvida, a noção de que estamos assistindo a grandes mudanças antropogênicas ou sociogênicas, em escala mundial, que põem em risco a vida no planeta (Antropoceno), tem se traduzido em um questionamento das dinâmicas atuais de desenvolvimento, ligadas à expansão ilimitada da fronteira da mercantilização, bem como ao questionamento da visão dualista dominante, associada à modernidade. Em consequência, é possível estabelecer uma relação entre neoextrativismo (como dinâmica de desenvolvimento dominante) e Antropoceno (como crítica a determinado modelo de modernidade) na hora de examinar suas consequências em escala mundial. Assim, a crise ecológica aparece intrinsicamente ligada à crise da modernidade. Parafraseando Arturo Escobar (2005), ela nos adverte da necessidade de pensar alternativas à modernidade, outros paradigmas que novamente ponham o foco na reprodução da vida e apontem para a criação de um novo vínculo entre o humano e o não humano, a partir de uma visão relacional, não dualista.

Em terceiro lugar, o neoextrativismo também nos conecta à crise econômica global, na medida em que o atual modelo de acumulação aparece associado às reformas realizadas pelo capitalismo neoliberal e financeiro a partir dos anos 1990, aprofundadas depois da crise de 2008. Por um lado, o financeiro cumpre um papel fundamental nas operações de extração de matérias-primas, assim como na organização da logística de sua circulação (Gago & Mezzadra, 2015), e evidentemente também na determinação das altas e baixas dos preços das *commodities* nas bolsas internacionais. Por outro lado, a crise acentuou as desigualdades sociais a partir de uma política de ajuste econômico que se estendeu pelos países centrais e tornou mais atraentes os modelos econômicos que comercializam com mais intensidade a natureza, como alternativa para combater a recessão. Dessa forma, a partir dos países centrais é impulsionado o modelo chamado de "economia verde com inclusão", que estende o formato financeiro do mercado do carvão a outros elementos da natureza, como o ar e a água, ou a processos e funções da natureza (Svampa & Viale, 2014).

Em quarto lugar, o neoextrativismo é uma janela privilegiada que nos permite realizar uma leitura em termos geopolíticos a partir do declínio relativo dos Estados Unidos e da ascensão da China como potência global. Essa situação de *transição hegemônica* é interpretada como o ingresso em um período caracterizado por um policentrismo conflituoso e uma pluralidade em termos de cultura e civilização, cujas consequências ainda estão por se definir. Nas periferias globalizadas, tanto na América Latina quanto na África e em certas regiões da Ásia, a transição hegemônica trouxe a reboque a intensificação das exportações de matérias-primas, que é visível na consolidação de vínculos econômicos e socioecológicos cada vez mais desiguais, principalmente com a China. Dito de outro modo, no contexto geopolítico atual, em que o grande país asiático aparece como nova potência, o neoextrativismo nos permite ler o processo de reconfiguração global, que, a partir da periferia, vai se traduzindo na expansão das fronteiras das *commodities* e por uma reprimarização vertiginosa das economias.

Por último, mas não menos importante, o neoextrativismo é uma janela privilegiada para fazer uma leitura em termos de crise da democracia, ou seja, da relação entre regime político, democracia e respeito aos direitos humanos. Certamente, a associação entre o neoextrativismo e a derrubada das fronteiras da democracia aparece como fato indiscutível: sem consentimento social, sem consulta à população, sem controle ambiental e com escassa presença do Estado, ou mesmo com ela, a tendência marca a manipulação das formas de participação popular, com o objetivo de controlar as decisões coletivas. Por outro lado, o aumento da violência estatal e paraestatal nos traz a questão sobre os vínculos sempre tensos entre extrativismos e direitos humanos. A perversa equação entre "mais extrativismo, menos democracia" (Svampa, 2016) mostra o perigoso risco de fechamento político, dados a crescente criminalização dos protestos socioambientais e o aumento do assassinato de ativistas da área ambiental em todo o mundo, em especial na América Latina.

Em suma, o extrativismo perpassa a longa memória do continente e de suas lutas, define um modo de apropriação da natureza, um padrão de acumulação colonial, associado ao nascimento do capitalismo moderno. Entretanto, sua atualização, no século XXI, traz novas dimensões em diferentes níveis: globais (transição hegemônica, expansão da fronteira das *commodities*, esgotamento dos bens naturais não renováveis, crise socioecológica de alcance global), regionais e nacionais (relação entre o modelo extrativo/exportador, o Estado-nação e um lucro altíssimo), territoriais (ocupação intensiva do território, lutas ecoterritoriais com participação de diferentes atores coletivos) e, por fim, políticas (surgimento de uma nova gramática política de oposição, aumento da violência estatal e paraestatal).

1.3. Neoextrativismo como estilo de desenvolvimento e modelo socioterritorial

O neoextrativismo contemporâneo pode ser caracterizado como um modelo de desenvolvimento baseado na superexploração de bens naturais, cada vez mais escassos, em grande parte não renováveis, assim como na expansão das fronteiras de exploração para territórios antes considerados improdutivos do ponto de vista do capital. Ele se caracteriza pela orientação da exportação de bens primários em grande escala, incluindo hidrocarbonetos (gás e petróleo), metais e minerais (cobre, ouro, prata, estanho, bauxita e zinco, entre outros) e produtos ligados ao novo paradigma agrário (soja, dendê, cana-de-açúcar). Definido desse modo, o neoextrativismo designa mais que as atividades tradicionalmente consideradas extrativistas, uma vez que inclui desde a megamineração a céu aberto, a expansão da fronteira petrolífera e energética, a construção de grandes represas hidrelétricas e outras obras de infraestrutura — hidrovias, portos, corredores interoceânicos, entre outros — até a expansão de diferentes formas de monocultura ou monoprodução, por meio da generalização do modelo de agronegócios, da superexploração pesqueira ou das monoculturas florestais.

Nesse sentido, o neoextrativismo também é um modelo sociopolítico e territorial, passível de ser analisado em escala local, nacional ou regional. Por exemplo, a expansão da fronteira da soja levou a uma reconfiguração do mundo rural em vários países da América do Sul:

> Só entre 2000 e 2014, as plantações de soja na América do Sul se ampliaram em 29 milhões de hectares, área comparável ao tamanho do Equador. Brasil e Argentina concentram

cerca de 90% da produção regional, ainda que a expansão mais rápida tenha ocorrido no Uruguai, e o Paraguai seja o país onde a soja ocupa a maior superfície em relação aos demais cultivos: 67% da área agrícola total. (Oxfam, 2016, p. 30)

Outro traço importante do neoextrativismo é o gigantismo ou a larga escala dos empreendimentos, que nos adverte também para a envergadura dos investimentos, já que se trata de megaempreendimentos de capital intensivo, mais do que de trabalho intensivo. Isso se relaciona com o caráter dos agentes intervenientes — em geral, grandes corporações internacionais —, ainda que não estejam excluídas as chamadas "translatinas", ou seja, megaempresas nacionais como Petrobras, Petróleos de Venezuela (PDVSA) e a argentina Yacimientos Petrolíferos Fiscales (YPF), entre outras. Ao mesmo tempo, isso nos alerta para uma variável importante dos megaprojetos: a escassa geração de empregos diretos (que atinge o ápice na etapa de construção do empreendimento). Por exemplo, no caso da mineração em larga escala, para cada milhão de dólares investido, são criados apenas entre 0,5 e dois empregos diretos (Colectivo Voces de Alerta, 2011). No Peru, país da megamineração transnacional por excelência, ela ocupa apenas 2% da população economicamente ativa, em comparação com 23% no caso da agricultura, 16% no comércio e quase 10% na manufatura (Lang & Mokrani, 2012).

Da mesma forma, o neoextrativismo apresenta uma determinada dinâmica territorial cuja tendência é a ocupação intensiva do território e a grilagem de terras, por meio de formas ligadas à monocultura ou monoprodução, que tem como uma de suas consequências o deslocamento de outros modos de produção locais/regionais, bem como das populações. Nesse sentido, no início do século XXI, o neoextrativismo redefiniu as disputas por terra, que populações pobres e vulneráveis enfrentam de modo assimétrico, com grandes agentes econômicos interessados em implementar cultivos transgênicos ligados à soja, ao dendê e à cana-de-açúcar, entre outros. De acordo com um relatório da Oxfam com dados

dos censos agropecuários de quinze países, "em toda a região, o 1% de propriedades de maior tamanho concentra mais da metade da superfície agrícola. Isso quer dizer que 1% das propriedades reúne mais terra que os 99% restantes". O país mais desigual na distribuição de terras é a Colômbia, onde 0,4% da exploração agropecuária domina 68% do território do país. Em seguida temos o Peru, onde 77% das propriedades estão nas mãos de 1%. Na sequência aparecem Chile (74%), Paraguai (71%), Bolívia (onde 1% controla 66% das propriedades), México (56%) e Brasil, com 44% do território agrícola concentrado em 1% das propriedades. Na Argentina, 36% das terras estão nas mãos de latifundiários e fundos de cultivo.[10]

Para Gian Carlo Delgado,

o espólio das terras deve considerar a apropriação daquelas destinadas a (1) monoculturas, incluindo as denominadas "curinga" ou *flex* — alimentos/bioenergia/insumos de produção; por exemplo, milho, cana, dendê —, e à produção de insumos não alimentícios, como a celulose; (2) o acesso, a gestão ou o usufruto de recursos como minerais energéticos e não energéticos, assim como (3) de água potável — ou *blue grabbing* — e para (4) a conservação ou a denominada apropriação verde das terras, ou *green grabbing*, que inclui desde a conformação de áreas protegidas do tipo privado até a instauração de projetos de mitigação das mudanças climáticas como os denominados REDD+, projetos de redução de emissões por desmatamento e degradação + de conservação. (Delgado, 2016, p. 54)

10 Os dados da Oxfam (2016) foram divulgados em novembro de 2016. É importante deixar claro que se referem aos cultivos, e não às pessoas; portanto, não contabilizam agricultores sem terras e fornecem muito pouca informação sobre propriedade coletiva — nos casos de Bolívia, Colômbia e Peru. Ver também Aranda (2017).

1.4. Consenso das *Commodities* e ilusão desenvolvimentista

Na América Latina, o neoextrativismo se expandiu em um contexto de mudança de época, marcado pela passagem do Consenso de Washington, associado à valorização financeira e ao ajuste estrutural, ao Consenso das *Commodities*, baseado na exportação em larga escala de bens primários, no crescimento econômico e na expansão do consumo (Svampa, 2013). Na prática, diferentemente dos anos 1990, a partir dos anos 2000-2003 as economias latino-americanas foram favorecidas pelos altos preços internacionais dos produtos primários (*commodities*), que tiveram reflexo nas balanças comerciais e no superávit fiscal. O fato não pode ser ignorado, sobretudo após o longo período de estagnação e retração econômica das décadas anteriores, em particular o período abertamente neoliberal (anos 1990). Nessa conjuntura econômica favorável — pelo menos até 2013 —, os governos latino-americanos tenderam a destacar as vantagens comparativas do auge das *commodities*, negando ou minimizando as novas desigualdades e assimetrias socioambientais, que traziam consigo a consolidação de um modelo de desenvolvimento baseado na exportação de matérias-primas em larga escala. Nesse sentido, todos os governos latino-americanos, independentemente da inclinação ideológica, possibilitaram o retorno com força de uma visão produtivista do desenvolvimento que, junto com a ilusão desenvolvimentista, levou à negação e à supressão das discussões de fundo sobre os impactos sociais, ambientais, territoriais e políticos do neoextrativismo, assim como à desvalorização das mobilizações e dos projetos socioambientais emergentes.

Quanto às consequências, o Consenso das *Commodities* foi caracterizado por uma dinâmica complexa, vertiginosa e de caráter recursivo, que deve ser lida de uma perspectiva ampla. Assim, do ponto de vista econômico, foi se traduzindo em uma nova tendência à reprimarização da economia, visível na reorientação para atividades primárias extrativistas, com pouco valor agregado. Tal "efeito de reprimarização" foi agravado pelo crescimento da China, potência que rapidamente se impõe como sócio desigual da América Latina. Em 2014, nos países do Mercosul, as exportações de bens primários se situavam entre 65%, no Brasil, e 90%, no Paraguai (Cepal, 2015).[11] Por contar com uma economia diversificada, o Brasil sofreu o que o economista francês Pierre Salama (2011) caracterizou como fenômeno da "desindustrialização prematura".

O Consenso das *Commodities* pode ser lido tanto em termos de rupturas como de continuidades em relação ao período anterior do Consenso de Washington. Ruptura porque existem elementos importantes de diferenciação em relação aos anos 1990, associados ao Consenso de Washington, cuja agenda estava baseada em uma política de ajustes e privatizações, assim como na valorização financeira, que acabou redefinindo o

11 Segundo Burchardt (2016, p. 63), é preciso distinguir três dinâmicas regionais no contexto de expansão das economias extrativistas na América Latina. De um lado estão os países que se destacam pela tendência à monoprodução por meio da exportação de matérias-primas, como Equador e Venezuela (petróleo), Peru e Chile (mineração) e Bolívia (gás). De outro estão os países que contam com uma economia diversificada, mas que incrementaram seus setores extrativistas, como é o caso do Brasil com mineração, soja e petróleo — por meio do pré-sal. Por último estão os países da América Central e o México, que durante a primeira fase do Consenso das *Commodities* não apostaram totalmente no extrativismo, mas avançam claramente nessa direção.

Estado como um agente metarregulador. Do mesmo modo, o neoliberalismo operou uma espécie de homogeneização política na região, marcada pela identificação ou por uma forte proximidade em relação ao receituário do Banco Mundial. Por outro lado, o Consenso das *Commodities* focou a implementação maciça de projetos extrativos orientados à exportação, estabelecendo um espaço de maior flexibilidade quanto ao papel do Estado, que permite a implantação e a coexistência de governos progressistas, que haviam questionado o consenso neoliberal em sua versão ortodoxa, e governos que continuam aprofundando uma matriz política conservadora em meio ao neoliberalismo.

Sem dúvida, na visão progressista, o Consenso das *Commodities* aparece associado à ação do Estado — assim como a uma série de políticas econômicas e sociais dirigidas aos setores mais vulneráveis —, cuja base foi o lucro extraordinário associado ao modelo extrativista/exportador. No novo contexto, foram recuperadas certas ferramentas e capacidades institucionais do Estado, que voltou a se portar como um agente regulador e, em certos casos, redistribuidor. No entanto, em meio às teorias de governança mundial, que apontam para uma institucionalidade baseada em âmbitos supranacionais, a tendência não é exatamente que o Estado nacional se torne um grande agente, ou que sua intervenção garanta mudanças estruturais. Pelo contrário: a hipótese mais provável sugere o retorno de um Estado moderadamente regulador, capaz de se instalar em um espaço de geometria variável, ou seja, em um esquema com muitos agentes, com a sociedade civil se tornando mais complexa, ilustrada por movimentos sociais, organizações não governamentais e outros, mas em estreita associação com o capital multinacional, cujo peso nas economias latino-americanas está longe de retroceder. Desse modo, ainda que tenha sido pouco ortodoxo e tenha se afastado do neoliberalismo quanto ao papel orientador do

Estado, como observa o economista argentino Mariano Feliz (2012, pp. 24-7), o projeto progressista esteve longe de questionar a hegemonia do capital transnacional na economia periférica. Essa realidade impôs limites claros à ação do Estado nacional, além de um limiar inexorável à própria demanda de democratização das decisões coletivas, provenientes das comunidades e populações afetadas pelos grandes projetos extrativistas.

Por outro lado, é preciso registrar que, na América Latina, grande parte da esquerda e do progressismo populista continua defendendo uma visão produtivista do desenvolvimento,[12] que se nutre de uma tendência a privilegiar de maneira exclusiva uma leitura do conflito social em termos de oposição entre capital e trabalho, minimizando ou dando pouca atenção às relações capital-natureza, assim como às novas lutas sociais concentradas na defesa do território e dos bens comuns. Nesse contexto, sobretudo no começo do ciclo progressista, a dinâmica de espoliação se converteu em um ponto cego, não conceitualizável. Como consequência, as problemáticas socioambientais foram consideradas uma preocupação secundária, ou simplesmente questões passíveis de sacrifício diante dos problemas estruturais de pobreza e exclusão das sociedades latino-americanas. Assim, apesar de, nas últimas décadas, as esquerdas e os populismos latino-americanos terem levado a cabo um processo de revalorização da matriz comunitário-indígena,

---

12 O produtivismo se baseia na ideia do crescimento indefinido e implica o não reconhecimento dos limites de sustentabilidade do planeta. Uma excelente definição é dada por Joaquim Sempere (2015), que utiliza "o termo 'produtivismo' para designar qualquer metabolismo social que não respeite os limites da sustentabilidade ecológica porque considera que a espécie humana pode se permitir explorar à vontade e sem limites os recursos naturais".

grande parte deles continua aderindo a uma visão produtivista e eficientista do desenvolvimento, muito vinculadas à ideologia hegemônica do progresso, baseada na confiança na expansão das forças produtivas.

Em consequência, os governos progressistas buscaram justificar o neoextrativismo afirmando ser ele a via que permite gerar divisas ao Estado, logo orientadas à redistribuição da renda e ao consumo interno, ou a atividades com maior valor agregado. Esse discurso, cujo alcance real deve ser analisado caso a caso e de acordo com as diferentes fases ou momentos, buscava opor de modo simplista a questão social (a redistribuição de renda, as políticas sociais) e a problemática ambiental (a preservação dos bens comuns, o cuidado com o território), ao mesmo tempo que ignorava discussões complexas e fundamentais sobre desenvolvimento, sustentabilidade ambiental e democracia. Na verdade, em nome das "vantagens comparativas", os governos latino-americanos buscaram promover um modelo de inclusão associado ao consumo, em um esquema plebeu-progressista, negando inclusive seu caráter de curto prazo. Tal acoplamento transitório entre avanço do Estado, crescimento econômico e modelo de cidadão consumidor foi a condição que possibilitou o êxito eleitoral e a permanência no poder dos diferentes governos (por meio de reeleições).

Em termos mais simples, a confirmação da América Latina como uma economia adaptativa em relação aos diferentes ciclos de acumulação — e, portanto, a aceitação do lugar que ela ocupa na divisão internacional do trabalho — constitui um dos núcleos duros comuns entre o Consenso de Washington e o Consenso das *Commodities*, ainda que os governos progressistas tenham enfatizado uma retórica que reivindicava a autonomia econômica e a soberania nacional e defendido a construção de um espaço latino-americano.

Por último, o modelo de desenvolvimento não apenas foi se apoiando em uma visão instrumental e produtivista, mas também implicou a atualização de imaginários sociais ligados à (histórica) abundância de recursos naturais: a visão do continente como um Eldorado. Em alguns países, esse imaginário aparecia conectado à experiência da crise, ou seja, ao legado excludente dos anos 1990, que gerou um aumento das desigualdades e da pobreza. Por exemplo, o final da "longa noite neoliberal", na expressão usada pelo presidente equatoriano Rafael Correa, tinha um correlato político e econômico, relacionado à grande crise dos primeiros anos do século XXI, marcados por desemprego, redução de oportunidades, migração e instabilidade política. Esse tópico também apareceu de maneira recorrente nos discursos de Néstor e Cristina Kirchner na Argentina sobre "o país normal", para contrapor os indicadores econômicos e socais de seus respectivos governos aos dos anos neoliberais — a década de 1990, sob o ciclo neoliberal de Carlos Menem — e, sobretudo, com aqueles da grande crise que sacudiu o país em 2001-2002, com o fim da convertibilidade entre peso e dólar.

Assim, no início de uma nova fase de expansão das fronteiras do capital, a América Latina retomou esse mito fundador e primal, alimentando uma espécie de pensamento mágico (Zavaletta, 2009), o que denominamos de ilusão desenvolvimentista, expressa na ideia de que, graças às oportunidades econômicas — a alta dos preços das matérias-primas e à demanda crescente, proveniente sobretudo da China —, seria possível encurtar rapidamente a distância com relação aos países industrializados, a fim de alcançar aquele desenvolvimento sempre prometido e nunca realizado de nossas sociedades. Seja na linguagem crua da espoliação (perspectiva liberal) ou naquela que aponta para o controle do excedente por parte do Estado (perspectiva progressista), os modelos de desenvolvimento vigentes, baseados no paradigma extrativista, reatualizaram o imaginário do Eldorado que perpassa a história do continente.

Assim, o cenário latino-americano foi mostrando não apenas uma relação entre neoextrativismo, ilusão desenvolvimentista e neoliberalismo, expressa de maneira paradigmática nos casos de Peru, Colômbia e México, mas também entre neoextrativismo, ilusão desenvolvimentista e governos progressistas, o que teve como consequência uma relação mais complexa com os movimentos indígenas e socioambientais. Os cenários latino-americanos mais paradoxais do Consenso das *Commodities* durante o apogeu do ciclo progressista surgiram na Bolívia e no Equador. Não se trata de um tema de pouca importância, dado que foi nesses países, em meio a fortes processos participativos, que nasceram novos conceitos-horizonte como o do Estado plurinacional, as autonomias, o bem viver e os direitos da natureza, tal como aparecem refletidos nas novas constituições. No entanto, com a consolidação de tais regimes, outras questões foram ganhando importância, vinculadas à exportação de matérias-primas e à sua relação com o crescimento econômico.

O Consenso das *Commodities*, como o compreendo, tem também uma carga político-ideológica, já que alude à ideia de um acordo — tácito ou explícito — acerca do caráter irresistível da atual dinâmica extrativista, produto da crescente demanda global por bens primários. Tal como acontecia nos anos dourados do neoliberalismo, entre as décadas de 1980 e 1990, quando o discurso dominante afirmava que não havia alternativa aos ajustes e às privatizações, a partir de 2000 as elites políticas da região — as progressistas e as conservadoras — passaram a afirmar que não existia alternativa ao extrativismo, que apontava para a limitação das resistências coletivas com base na "sensatez e razoabilidade" que ofereciam as diferentes versões do capitalismo progressista, ao mesmo tempo que instalava um novo limiar histórico-compreensivo com relação à produção de alternativas. Como defende Mirta Antonelli (2011, p. 11), "a imposição de um único relato e, com ele, um único mundo possível" busca controlar e neutralizar lógicas que provêm "outros argumentos, outras razões, outros sentires e memórias, outros projetos societários". Em consequência, todo discurso crítico, ou toda oposição radical, foi colocado no campo da irracionalidade, da antimodernidade, da negação do progresso, do pachamamismo e do ecologismo infantil, quando não de um ambientalismo colonial, impulsionado sempre por ONGs ou agentes estrangeiros. Assim, diferentemente dos anos 1990, quando o continente surgia reformatado de maneira unidirecional pelo modelo neoliberal, o novo século veio marcado por um conjunto de tensões e contradições difíceis de processar. A passagem do Consenso de Washington ao Consenso das *Commodities* instalou novas problemáticas e novos paradoxos que reconfiguraram inclusive o horizonte do pensamento crítico latino-americano e o conjunto das esquerdas.

Em suma, além das diferenças que é possível estabelecer em termos político-ideológicos e das nuances que podemos encontrar, o cenário latino-americano mostra a consolidação de um modelo de apropriação e exploração dos bens comuns que avança sobre as populações a partir de uma lógica vertical (de cima para baixo), colocando em um grande atoleiro os avanços no campo da democracia participativa e inaugurando um novo ciclo de criminalização e violação dos direitos humanos.

2. Conflitos socioambientais e linguagens de valorização

Neste capítulo será abordado o conflito socioambiental em suas diferentes escalas. Em primeiro lugar, em uma proposta que busca historicizar e dar conta das dinâmicas recursivas das lutas, analisam-se diferentes fases do neoextrativismo. Ao mesmo tempo, detenho-me nas características da nova linguagem de valorização do território que foi sendo preparada ao ritmo dessas lutas, que denominei *giro ecoterritorial*, assunto a ser aprofundado no próximo capítulo.

2.1. Fases do neoextrativismo

Uma das consequências da atual inflexão extrativista é a explosão de conflitos socioambientais, visível nas lutas ancestrais pela terra, protagonizadas por movimentos indígenas e camponeses, assim como no surgimento de novas formas de mobilização e participação cidadã, centradas na defesa do âmbito comunitário, da biodiversidade e do meio ambiente. Dadas as suas características (fragmentação social, deslocamento de outras formas de economia, verticalidade das decisões, forte impacto sobre os ecossistemas), mais que uma consequência, o conflito pode ser visto como inerente ao extrativismo, ainda que isso não se traduza no surgimento de resistências sociais em todos os casos.

Entendo por conflitos socioambientais aqueles ligados ao acesso e ao controle dos bens naturais e do território, que confrontam interesses e valores divergentes por parte dos agentes envolvidos, em um contexto de grande assimetria de poder.[13] Tais conflitos expressam diferentes concepções do território, da natureza e do ambiente. Em certos casos, à medida que os inúmeros megaprojetos tendem a reconfigurar o território em sua globalidade, os conflitos acabam por estabelecer uma disputa acerca do que se entende por desenvolvimento e, de maneira mais ampla, reivindicam outras formas de democracia, ligadas à democracia participativa e direta.

Com o passar dos anos, e no calor das novas modalidades de expansão da fronteira do capital, os conflitos também foram se multiplicando, enquanto as resistências sociais se tornaram mais ativas e organizadas. Em função disso, proponho distinguir três fases do neoextrativismo.

---

13 Retomo a definição de Fontaine (2003), acrescentando a referência ao caráter assimétrico das lutas.

A primeira é a *fase da positividade*, desenvolvida entre 2003 e 2008-2010. Com certeza, no começo da mudança de época e com o *boom* dos preços das *commodities*, a guinada extrativista foi lida em termos de vantagens comparativas como um "novo desenvolvimentismo", independentemente das diferenças entre governos progressistas ou conservadores. É importante destacar que se tratou de uma fase de positividade, já que o aumento do gasto social e seu impacto na redução da pobreza, o papel crescente do Estado e a ampliação da participação popular geraram grandes expectativas políticas em uma sociedade que havia passado por sucessivas crises e décadas de estancamento econômico e ajuste neoliberal. Não se pode esquecer que, entre 2002 e 2011, a pobreza na região caiu de 44% para 31,4%, enquanto a pobreza extrema baixou de 19,4% para 12,3% (Cepal, 2012). A maioria dos países estendeu seus planos sociais, alcançando 19% da população (Cepal, 2013), ou seja, beneficiando cerca de 120 milhões de pessoas.

Por outro lado, essa primeira fase do neoextrativismo foi caracterizada por uma espécie de expansão das fronteiras do direito, visíveis na constitucionalização de novos direitos (individuais e coletivos). A narrativa estatista coexistia, com suas articulações e tensões, com a narrativa indigenista e ecologista, tal como acontecia na Bolívia e no Equador, apesar da crescente hegemonia da matriz estatal/populista e de sua articulação com as novas lideranças políticas. No entanto, ao longo da década e em meio a diferentes conflitos territoriais e socioambientais e suas dinâmicas recursivas, os governos progressistas acabaram assumindo um discurso desenvolvimentista beligerante em defesa do extrativismo, acompanhado de uma prática criminalizadora que tendia à repressão das lutas socioambientais, assim como de uma vontade explícita de controlar as formas de participação popular.

Esse período de auge econômico, de reformulação do papel do Estado, foi também um período de pouca visibilidade ou de não reconhecimento dos conflitos associados à dinâmica extrativista que se estendeu até os anos 2008-2010, época a partir da qual os governos progressistas, consolidados em seus respectivos mandatos presidenciais, foram afirmando uma matriz explicitamente extrativista, como resultado da virulência que adquiriram certos conflitos territoriais e socioambientais. Mais ainda, a eclosão dos conflitos relacionados às atividades extrativistas (megamineração, megarrepresas, petróleo, expansão da fronteira agrária) colocaria em evidência tanto as dimensões e as alianças próprias do desenvolvimentismo hegemônico como as limitações impostas aos processos de participação cidadã, além da abertura de cenários de criminalização do conflito.

A segunda fase corresponde à *multiplicação dos megaprojetos*, bem como à multiplicação das resistências sociais. Com relação à primeira, isso se reflete nos planos nacionais de desenvolvimento apresentados pelos diferentes governos, cuja ênfase em todos os casos estava no incremento de diferentes atividades extrativistas, de acordo com a especialização do país: extração de minerais e petróleo, as centrais hidrelétricas ou a expansão dos cultivos transgênicos. No caso do Brasil, sua expressão se deu no Programa de Aceleração do Crescimento (PAC), lançado em 2007, que contemplava a construção de um grande número de represas na Amazônia, além da realização de megaprojetos ligados à exploração de petróleo e gás; para a Bolívia, foi a promessa do grande salto industrial, baseado na multiplicação dos projetos de extração de gás, lítio e ferro e na expansão do agronegócio; para o Equador, foi a megamineração a céu aberto, assim como a expansão da fronteira petrolífera; para a Venezuela, o plano estratégico de produção do petróleo, que implicava um avanço da fronteira de exploração no cinturão do Orinoco; para a Argentina, o

Plano Estratégico Agroalimentar 2010-2020, que projetava um aumento de 60% da produção de grãos, bem como a aposta pelo fraturamento hidráulico (*fracking*) a partir de 2012.[14] Assim, inclusive lado a lado com retóricas pretensamente industrialistas, as políticas públicas de diferentes governos se orientaram para o aprofundamento do modelo neoextrativista, embora naquele tempo em um contexto de lucros extraordinários.

Esse aumento de megaprojetos se expressou também por meio da Iniciativa para a Integração da Infraestrutura Regional Sul-Americana (IIRSA), depois chamada de Conselho Sul-Americano de Infraestrutura e Planejamento (Cosiplan), que abarca projetos relativos a transporte (hidrovias, portos, corredores interoceânicos, entre outros), energia (grandes represas hidrelétricas) e comunicações. Trata-se de um programa acordado por vários governos latino-americanos cujo objetivo central é facilitar a extração e condução de tais produtos até os portos, de onde serão exportados. A partir de 2007, a IIRSA submeteu-se à União de Nações Sul-Americanas (Unasul). Como afirma a pesquisadora Silvia Carpio (2017), o principal impulsionador da Unasul e da Cosiplan foi o então presidente brasileiro Luiz Inácio Lula da Silva, que buscou fortalecer os vínculos com outros países da América do Sul por meio da intensificação do comércio regional e de investimentos do Banco Nacional de Desenvolvimento Econômico e Social

---

14 Fraturamento hidráulico, ou *fracking*, é um método que possibilita a extração de combustíveis líquidos e gasosos do subsolo. O procedimento consiste na injeção a alta pressão de uma mistura de água e diversos produtos químicos com o objetivo de ampliar de forma controlada as fraturas e fissuras existentes no substrato rochoso que aprisiona petróleo e gás natural, permitindo sua saída para a superfície. [N.E.]

(BNDES) em obras de infraestrutura. No entanto, em diversas regiões, os projetos IIRSA-Cosiplan sofreram resistência e foram questionados, já que, apesar do discurso latino-americanista em torno da necessidade de "tecer novas relações entre Estados, povos e comunidades", a chamada "integração da infraestrutura regional" tem objetivos de mercado. Trata-se de 544 projetos que totalizam um investimento estimado em 130 bilhões de dólares. Para 2014, 32,3% dos investimentos da IIRSA estavam reservados à área energética, concentrados principalmente nas centrais hidrelétricas, muito questionadas por seus efeitos sociais e ambientais, em especial na fragilizada região da Amazônia brasileira e boliviana (Carpio, 2017). Mais ainda: de 31 projetos prioritários do Cosiplan, catorze dizem respeito à Amazônia (Porto-Gonçalves, 2017, p. 158).

Essa segunda etapa nos insere em um período de contestação do Consenso das *Commodities*, ou seja, de um confronto aberto nos territórios de extração. De fato, foram numerosos os conflitos socioambientais e territoriais que conseguiram sair do encapsulamento local e adquiriram visibilidade: desde os choques relacionados ao projeto de rodovia atravessando o Território Indígena e Parque Nacional Isiboro-Sécure (Tipnis), na Bolívia, até a construção da megarrepresa de Belo Monte, no Brasil, passando pelo povo de Famatina e pela resistência à megamineração na Argentina, em 2012, além da suspensão final da Iniciativa Yasuní-ITT no Equador em 2013. O que fica claro é que a expansão da fronteira dos direitos (coletivos, territoriais, ambientais) encontrou um limite na expansão crescente das fronteiras de exploração do capital em busca de bens, terras e territórios, o que bloqueou as narrativas emancipadoras que haviam criado fortes expectativas populares, principalmente em países como Bolívia e Equador.

A esses conflitos de caráter emblemático nos países com governos progressistas, devem se somar os enfrentamentos ocorridos em países com governos de inspiração neoliberal ou conservadora, como foi o caso do projeto de mineração Conga, no Peru, hoje suspenso; da oposição ao megaprojeto de mineração La Colosa, em Tolima, na Colômbia, finalmente interrompido em 2017; e da represa Agua Zarca, no rio Gualcarque, em Honduras, que foi paralisado graças à ação do Conselho Cívico de Organizações Populares e Indígenas de Honduras (Copinh), fundado por Berta Cáceres, assassinada em 2016.

Em suma, no calor dos diferentes conflitos territoriais e ambientais e de suas dinâmicas recursivas, os governos latino-americanos acabaram assumindo um discurso desenvolvimentista beligerante em defesa do neoextrativismo, acompanhando a narrativa produtivista e *eldoradista* como uma prática aberta de criminalização das resistências. Essa conciliação entre discurso e prática que ocorreu inclusive nos países que haviam despertado maior expectativa de mudança política, sobretudo com relação às promessas de bem viver vinculadas ao cuidado com a natureza, como Bolívia e Equador, ilustrou a evolução dos governos progressistas na direção de modelos de dominação mais tradicional (em muitos casos ligados ao modelo populista ou nacional-estatal clássico) e forçou o reconhecimento de que esses países entravam em uma nova fase de retração das fronteiras da democracia, perceptível pela intolerância ao dissenso.

Sem dúvida, um dos elementos presentes nos diferentes governos progressistas foi a estigmatização dos protestos ambientais e, em alguns casos, uma leitura conspiratória de tais mobilizações. Na verdade, onde houve um conflito ambiental e territorial mediado e politizado, que destacava os pontos cegos dos governos progressistas com relação à dinâmica de espoliação, a reação foi unânime por parte do poder público. Foi o que aconteceu, a partir de 2009, no Equador — sobretudo no que se refere à megamineração —, no Brasil — como resultado do conflito suscitado pela construção de Belo Monte — e na Bolívia — com relação ao Tipnis. Nos três casos, os diferentes governos progressistas optaram pela linguagem nacionalista e pela supressão do questionamento, negando a legitimidade das queixas e atribuindo-as ao ecologismo infantil (Equador), ao envolvimento de ONGs estrangeiras (Brasil) ou ao ambientalismo colonial (Bolívia).

O conflito do Tipnis foi um dos mais ressonantes. Embora tenha havido vários episódios antecipando os atritos entre a narrativa indigenista e a prática extrativista, o ponto de inflexão se deu entre 2010 e 2011, como resultado da construção da estrada entre Villa Tunari e San Ignacio. O Tipnis é, desde 1965, uma reserva natural e, desde 1990, um território indígena. A questão era sem dúvida complexa: se por um lado a estrada era uma resposta a necessidades geopolíticas e territoriais, por outro, os povos indígenas envolvidos não foram consultados sobre sua construção. De qualquer forma, tudo indica que a estrada abriria a porta a projetos extrativistas, com consequências sociais, culturais e ambientais negativas, com ou sem o Brasil como aliado estratégico. Por fim, a escalada do conflito de organizações indígenas e ambientalistas contra o governo foi tamanha que incluiu várias marchas à cidade de La Paz, além de um sombrio episódio repressivo e da articulação de um bloco multissetorial entre organizações indígenas rurais, sociais e ambientalistas, com o apoio de importantes setores urbanos. Em 2012, o governo de Evo Morales promoveu uma consulta às comunidades do Tipnis. O resultado oficial apontou que 80% das comunidades consultadas aprovavam a construção da estrada. No entanto, um relatório da Igreja católica, realizado com a Assembleia Permanente de

Direitos Humanos da Bolívia em abril de 2013, indicava que a consulta "não foi livre nem de boa-fé, além de não se adequar aos padrões de consulta prévia".

O conflito do Tipnis levou a duas conclusões importantes, que devem ser compreendidas no contexto boliviano, mas também latino-americano: em primeiro lugar, como já dissemos, o embate atingiu o discurso desenvolvimentista governamental articulado pelo vice-presidente Álvaro García Linera em seu livro *Geopolítica de la Amazonia*, lançado em 2012. Para Linera, sem mais extrativismo não haveria como sustentar as políticas sociais, o que significaria o fracasso do governo e a inevitável restauração da direita. Em segundo lugar, em meio à escalada do conflito, em contextos tão virulentos e politizados — em que o caráter recursivo da ação leva os diferentes agentes a se envolver em uma luta feroz —, reduz-se a possibilidade de realizar uma consulta livre, prévia e informada com os povos indígenas, segundo estabelece a Convenção 169 da Organização Internacional do Trabalho (OIT), e a definição de seus procedimentos, mecanismos e temas acaba sendo muito controversa.

Por último, dando continuidade à segunda fase, a partir de 2013-2015 assistimos a uma *exacerbação do neoextrativismo*. Um dos elementos relevantes que explica — e agrava — essa continuidade se refere à queda dos preços das matérias-primas, o que impulsionou os governos latino-americanos a aumentar ainda mais o número de projetos extrativistas, por meio da ampliação das fronteiras das *commodities* (Moore, 2013; Terán, 2016). Nesse contexto, não apenas a maioria dos governos latino-americanos não estava preparada para a queda dos preços dos produtos básicos — o que pode ser visto de maneira cabal na Venezuela — como rapidamente foram observadas consequências na tendência à queda no déficit comercial (Martínez, 2015) e na recessão (Peters, 2016).

A isso se somam o declínio da hegemonia progressista/populista e o fim do chamado ciclo ou onda progressista, fato que terá um forte impacto na reconfiguração do mapa político regional — tema a ser tratado mais adiante.

2.2. Territórios e novas linguagens de valorização

Hoje em dia parece haver um consenso implícito entre analistas latino-americanos sobre o fato de a defesa do território e da *territorialidade* ser uma das dimensões constituintes das resistências sociais contra o extrativismo. Território e territorialidade são conceitos controversos, pois não apenas aparecem nas narrativas das organizações indígenas e dos movimentos socioambientais, mas também no discurso de corporações, de gestores de políticas públicas e do poder político de modo geral, em diferentes escalas e níveis. A noção de território se converteu em uma espécie de *conceito social total*, a partir do qual é possível visualizar o posicionamento dos diferentes atores em conflito e, a partir desse posicionamento, analisar as dinâmicas sociais e políticas.

A apropriação do território nunca é apenas material, é também simbólica (Santos, 2005). Como afirma o geógrafo brasileiro Bernardo Mançano Fernandes (2008), "convivemos com diferentes tipos de territórios produtores e produzidos por relações sociais distintas, que são disputados cotidianamente". Sem dúvida, a geografia crítica brasileira fez uma enorme contribuição para o enriquecimento e a atualização do conceito de território, sobretudo em uma perspectiva focada na necessidade de "representar graficamente os territórios a partir de baixo" (Porto-Gonçalves, 2001), ou seja, uma aproximação do sentido de território e territorialização dos movimentos sociais em luta. Para Carlos Walter Porto-Gonçalves, nossa época pode ser comparada ao Renascimento, na medida em que assistimos a um processo de (re)configuração geográfica em que os diferentes atores e segmentos da sociedade não estão presentes do mesmo modo nesses processos instituidores. A territorialidade se realiza em um espaço complexo, no qual se cruzam lógicas de ação e racionalidades portadoras de valores diferentes. Em uma linha similar, outro geógrafo brasileiro, Rogerio Haesbaert (2011), reflete sobre a multiterritorialidade como a outra face da globalização. Na verdade, longe de estarmos assistindo a um "fim dos territórios", diante de nós vai se delineando uma geografia mais complexa, a multiterritorialidade, com fortes conotações rizomáticas, ou seja, não hierarquizadas, ilustradas por territórios em rede construídos a partir de baixo por grupos subalternos.

De modo geral, tanto nos movimentos urbanos como nos rurais, o território aparece como um espaço de resistência e, cada vez mais, como um lugar de ressignificação e criação de relações sociais. Na perspectiva dos movimentos sociais, a territorialidade como dimensão material foi compreendida muitas vezes exclusivamente como auto-organização comunitária, tanto dos movimentos camponeses e indígenas quanto dos movimentos sociais urbanos, associados à luta pela terra e às reivindicações em torno das necessidades básicas. Entretanto, desde o ano 2000, a disputa pelo território tem tido outras inflexões, a partir de novas modalidades adotadas pela lógica do capital nos espaços considerados estratégicos devido à presença de recursos naturais. Nesse sentido, os megaprojetos extrativos — como a mineração em grande escala, o avanço da fronteira de petróleo e gás, do agronegócio e, inclusive, do urbanismo neoliberal, entre outros — podem ser pensados como um exemplo paradigmático em que se vai gerando uma "tensão de territorialidades" (Porto-Gonçalves, 2001), por meio da implantação de uma visão dominante da territorialidade que se apresenta como excludente das demais visões existentes — ou potencialmente existentes.

No âmbito do Consenso das *Commodities*, testemunhamos uma reviravolta da noção dominante de território. Parafraseando o geógrafo Robert Sack (1986), é possível dizer que, em benefício do capital, empresas e governos projetam uma visão eficientista dos territórios, considerando-os ou não "socialmente esvaziados" à medida que contêm bens valorizados pelo capital. Em nome da ideologia do progresso, as comunidades ali instaladas parecem invisíveis, as economias regionais são desvalorizadas, ou suas crises são exacerbadas, a fim de facilitar a entrada de outros modelos de desenvolvimento que acabam se convertendo em agentes de ocupação territorial. Esses processos de desvalorização ocorrem em regiões tradicionalmente "esquecidas". Na Patagônia argentina, por exemplo, vastos territórios são considerados "deserto", o que traz reminiscências sombrias, pois essa metáfora foi utilizada no fim do século XIX para encurralar e exterminar as populações indígenas patagônicas, desvalorizando o que representavam em termos de cultura e hábitat. Hoje, a metáfora do "deserto" voltou a ser utilizada pelo governo nacional — e também por administrações locais — para defender, por exemplo, a necessidade da mineração em grande escala, a expansão da fronteira petrolífera por meio do *fracking* e o agronegócio como única alternativa produtiva para a região.

Algo similar acontece com a vasta Amazônia, outro território relegado. Como afirma Porto-Gonçalves (2017), ela não é apenas considerada uma "reserva de recursos" ou "fonte inesgotável", mas também um "vazio demográfico", que acaba sendo assumido pelas classes dominantes em sua inserção subordinada aos centros mundiais de poder, ignorando a complexidade geográfica da área. Essa perspectiva eficientista é complementar com a caracterização do território como ocioso ou improdutivo. No plano latino-americano, foi sem dúvida o ex-presidente peruano Alan García quem expressou de modo mais claro essa visão, quando, em 2007, publicou o artigo "El síndrome del perro del hortelano" [A síndrome do cachorro do jardineiro] no tradicional diário limenho *El Comercio*. Nesse artigo, ele antecipava de maneira brutal sua política para a Amazônia, defendendo que os indígenas da região que se opunham à exploração de seus territórios ociosos eram como o cachorro do jardineiro. Nas palavras de García, a Amazônia toda era considerada um território ocioso que devia ser convertido em um espaço eficiente e produtivo, por meio da expansão das fronteiras mineira, energética e petrolífera.[15]

Em suma, a afirmação de que existem regiões marcadas historicamente pela pobreza e pela vulnerabilidade social, com baixa densidade populacional, que contam com grandes extensões de territórios "improdutivos", facilita a instalação de um discurso eficientista e excludente em nome das dinâmicas globais do capital. Seja por concebê--los como territórios socialmente esvaziados, ociosos ou desérticos, o resultado é similar: a desvalorização de outras formas produtivas e das economias regionais, e a obstrução de outras linguagens de valorização do território, vinculadas aos setores subalternos e cada vez mais incompatíveis com o modelo dominante.

---

15 Essas palavras se materializaram em junho de 2008, quando o Executivo sancionou uma série de decretos legislativos, incluindo um pacote de onze leis que afetavam a Amazônia. Os decretos, que foram rebatizados de "lei da selva" pelas organizações indígenas e ONGs ambientalistas, foram questionados por diferentes setores. Eles culminaram na repressão de Bagua em 5 de junho de 2009, que custou a vida de mais de trinta habitantes da região amazônica e de dez policiais, além de um número indeterminado de desaparecidos.

2.3. Matrizes político-ideológicas e giro ecoterritorial das lutas

Antes de falar das resistências sociais, vale a pena esclarecer que existem pelo menos quatro matrizes político-ideológicas diferentes que atravessam as transformações do campo contestatário latino-americano:[16] a camponesa-indígena comunitária, a populista-movimentista, a classista tradicional e, mais recentemente, a narrativa autonomista.

A matriz camponesa-indígena se insere na vasta memória dos povos indígenas e se fundamenta na ideia de resistência ancestral, direitos coletivos e poder comunal. Nos últimos tempos, sua evolução se conecta com processos que se deram em diferentes níveis: no plano internacional, com a descolonização e o reconhecimento progressivo dos direitos coletivos (incorporação da Convenção 169 da OIT às diferentes constituições nacionais e, mais tarde, a Declaração Universal dos Direitos

---

16 Por matrizes político-ideológicas entendo aquelas diretrizes que organizam o modo de pensar a política e o poder, assim como a concepção relativa à mudança social. Apesar de cada matriz político-ideológica possuir uma configuração determinada, os diferentes contextos nacionais, bem como as tensões internas, de dinamismo e historicidade particulares, vão adotando-as caso a caso. Por outro lado, as matrizes político-ideológicas a que fazemos referência não se encontram em estado puro, porque as diferentes dinâmicas políticas deram passagem a diversos entrecruzamentos e conjunções (entre indianismo e marxismo, entre indianismo e matriz populista, entre indianismo e narrativa autonômica, entre marxismo e autonomismo, para dar alguns exemplos), e também a um processo de conflito e colisão, que pode acabar acentuando as diferenças em termos de concepções, modos de fazer política e conceber a mudança social. Ver Svampa (2010; 2017).

dos Povos Indígenas pelas Nações Unidas); em nível regional, com a crise do Estado modernizador desenvolvimentista e o relativo fracasso da integração baseada em uma identidade mestiça/camponesa; em nível nacional, com o processo de ampliação das fronteiras étnicas, ou seja, com a presença cada vez maior de indígenas nas cidades. Por último, em termos ideológicos, ela se conecta com a crise do marxismo e o surgimento do multiculturalismo como perspectiva de construção identitária.

Outra matriz que perpassa o campo das organizações populares na América Latina é a populista ou nacional-popular. Ela se instala na memória mediana e se associa às experiências políticas populistas fundamentais dos anos 1930-1950 e é sustentada pelo tripé de afirmação da nação, Estado redistributivo e conciliador, liderança carismática e massas organizadas — o povo. Embora em geral a matriz populista tenda a combinar o apelo a um projeto nacionalista radical e o modelo mais clássico da participação controlada pelo Estado, as evidências históricas ilustram sobretudo o segundo modelo baseado na heteronomia dos movimentos sociais e sindicais diante do chamado do líder (ou da líder) a partir do aparato estatal (ressubalternização e estatização dos movimentos sociais).

Em terceiro lugar, a matriz classista apresenta uma concepção de poder — e, portanto, de mudança social — ligada à ideia do antagonismo de classe e à construção do socialismo. Tal matriz nutre sua narrativa com as diferentes variantes do marxismo partidário e internacionalista, com características obreiristas, que encontra várias expressões na América Latina — ligadas ao Partido Comunista, ao maoísmo e aos diversos trotskismos. Tradicionalmente, essa concepção obreirista da sociedade conspira contra a compreensão da diversidade e da heterogeneidade social existente nas sociedades periféricas. Não é por acaso que, historicamente, quando se fala na *classicidade* (a capacidade de agir de maneira autônoma, ou seja, como ator da classe) dos sujeitos sociais subalternos (camponeses, indígenas marginais, trabalhadores informais, setores rurais), se tenha instalada a ideia de que as sociedades latino-americanas se caracterizam por atores débeis ou sujeitos semiplenos, com pouca autonomia de classe, ou até manipulados por outros atores sociais. Por isso, a tensão entre a matriz classista e as outras do campo contestatário tende a ser mais manifesta que latente.

Em quarto lugar, existe uma narrativa autonomista, mais recente, apesar de seus elementos se nutrirem da tradição anarquista e/ou conselhista. Os elementos centrais que configuram tal matriz são a afirmação da autonomia, a horizontalidade e a democracia por consenso. Nesse caso particular, me refiro a uma narrativa porque ela se constrói como um relato identitário, de produção do sujeito, no qual a experiência pessoal dos atores conta mais que a inserção prévia na comunidade (matriz indigenista), a figura do povo (matriz populista) ou a classe social (marxista). Por outro lado, historicamente é uma narrativa que se alimenta do fracasso geral das esquerdas tradicionais, o que é relevante para a definição por oposição a outras tradições de esquerda, principalmente a esquerda marxista. Ela aparece ligada aos processos de desinstitucionalização das sociedades contemporâneas e ao surgimento de novas dinâmicas de individualização. A narrativa autonômica deu lugar a novos modelos de militância, difundidos tanto nos países do centro como na periferia do capitalismo, cuja modalidade de construção organizativa são os grupos de afinidade por meio de coletivos. Sua expansão, tanto no amplo campo do ativismo ambiental e cultural como no da comunicação alternativa, dos feminismos populares, da luta antipatriarcal, da intervenção artística e da educação popular, constitui uma das características mais emblemáticas das novas mobilizações sociais relacionadas com a mudança de época.

Com esse esclarecimento, podemos começar a delinear dois processos, para além das marcas específicas do ciclo progressista. Por um lado, do ponto de vista institucional, a propagação dos governos progressistas originou uma dinâmica política que, com matizes e gradações diferentes, implicou a estatização de inúmeros movimentos sociais. Nesse processo, a matriz populista foi emergindo como hegemônica, instalando uma tensão com outras matrizes político-ideológicas, seja com a forma comunal, associada à matriz camponesa-indígena, seja com a narrativa autonômica. Em outras palavras, durante o ciclo progressista, a atualização da matriz populista seria expressa por uma crescente dinâmica hegemônica, a partir da recusa e/ou da absorção de elementos de outras matrizes contestatárias que tiveram um papel importante no início da mudança de época, como a narrativa camponesa-indígena e as esquerdas autonômicas.

Por outro lado, a partir de 2003 a dinâmica das lutas socioambientais foi lançando as bases de uma linguagem comum de valorização da territorialidade, que podemos denominar de giro ecoterritorial, ilustrado pela convergência de diferentes matrizes e linguagens, ou seja, pelo cruzamento inovador entre a matriz indígena-comunitária e a narrativa autonômica, numa chave ambientalista, a que foram acrescentadas, no fim do século xx, as ideias feministas. Em consequência, surge uma narrativa comum que busca dar conta do modo como se pensam e representam as atuais lutas socioambientais, centradas na defesa da terra e do território. O giro ecoterritorial se refere à construção de marcos de ação coletiva[17] que funcionaram, ao mesmo

---

17 Erving Goffman (1991, pp. 30-1) definiu os marcos como "esquemas de interpretação que capacitam os indivíduos e

tempo, como estrutura de significação e esquemas de interpretação contestatários ou alternativos. Tais marcos coletivos tendem a desenvolver uma importante capacidade de mobilização, instalam novos temas, novas linguagens e ordens em termos de debate e sociedade, ao mesmo tempo que orientam a dinâmica interativa rumo à produção de uma subjetividade comum no espaço latino-americano das lutas.

A consolidação de uma linguagem de valorização alternativa à territorialidade dominante parece mais imediata no caso das organizações indígenas e camponesas, devido tanto à estreita relação que estabelecem entre terra e território, em termos de comunidade de vida, como à evidente reativação da matriz comunitária indígena ocorrida nas últimas décadas. No entanto, longe de ser exclusivo dos países onde existe uma notória presença de povos indígenas, historicamente excluídos, o giro ecoterritorial também se expressa em outros países por meio de diferentes experiências policlassistas e multiétnicas e diversas formas organizacionais.

os grupos a localizar, perceber, identificar e nomear os fatos de seu próprio mundo e do mundo em geral". Para Gamson, os marcos são definidos por três elementos básicos: a (in)justiça, a capacidade de agir e o trabalho sobre a identidade (eles/nós). De uma perspectiva construtivista e interacionista, existem, no entanto, diferentes enfoques sobre os "processos de enquadramento" (Meyer & Gamson, 1999). Nesse sentido, esclareço que não sigo o enfoque meramente instrumental no uso dos marcos coletivos, e sim uma dimensão cultural e moral, ligada ao marco da injustiça.

2.4. Conflitos socioambientais e suas escalas

A explosão de conflitos socioambientais teve como correlato aquilo que o ensaísta mexicano Enrique Leff (2004) chamou de "ambientalização das lutas indígenas e camponesas e o surgimento de um pensamento ambiental latino-americano". A isso é preciso acrescentar que o cenário é marcado não apenas por lutas indígenas-camponesas, mas também pelo surgimento de novos movimentos socioambientais, rurais e urbanos (pequenas e médias localidades), de caráter policlassista e caracterizados por um formato de assembleia e um importante antagonista em potencial.[18] Por sua vez, nessa nova trama social, o papel que diferentes coletivos culturais,

18 É fundamental apontar que o conceito de movimento social parece ter entrado em crise. Algumas autoras, como Silvia Rivera Cusicanqui, propõem erradicá-lo, dada a manipulação sofrida por parte dos progressismos (para começar, na Bolívia, onde se fala do "governo dos movimentos sociais"). Outros, como Raúl Zibechi, propõem substituí-lo pelo conceito de "sociedade em movimento", ainda muito incipiente, mas que apresenta potencialidade analítica. Também há aqueles que preferem falar de "movimentos antagonistas", como Massimo Modonesi (2016). Minha posição é a de distinguir entre, por um lado, movimentos sociais em *sentido mais literal* (leitura que prevaleceu na América Latina), o que alude à ideia de um ator ou movimento social que tende a questionar a lógica de dominação; esta definição teórica implica a possibilidade de pensar os movimentos sociais como sujeitos potencialmente antagônicos no âmbito de um sistema de dominação. Por outro lado, proponho falar de movimentos sociais em *sentido mais amplo*, para aludir a um tipo de ação coletiva por parte dos atores que não têm poder, que busca intencionalmente modificar algum elemento do sistema social estabelecido, por meio de uma ação contenciosa, com certa continuidade organizativa. O tema é abordado em Svampa (2017).

certas ONGs ambientalistas (com lógica de movimento social), intelectuais e especialistas, que acompanham — e inclusive coprotagonizam — a ação de organizações e movimentos sociais, não é menor. Como costuma acontecer em outros campos de luta, a dinâmica organizacional tem como atores centrais jovens, muitos deles mulheres, cujo papel também é crucial tanto nas grandes estruturas organizacionais como nos pequenos coletivos de apoio às ações.

Os entrecruzamentos e as articulações entre organizações deram lugar a numerosos espaços de coordenação, como o da via camponesa ou, em outra escala, os fóruns temáticos (de defesa da água, de defesa dos recursos naturais, contra o fraturamento hidráulico), plataformas de ações conjuntas (contra a Área de Livre Comércio das Américas [Alca], contra os megaprojetos da IIRSA e, agora, contra o Acordo Transpacífico). Nesse sentido, a maior novidade é a articulação entre diferentes atores, o que promove um diálogo de saberes e disciplinas, caracterizado pela valorização dos saberes locais e pela elaboração de um saber especializado independente dos discursos dominantes. O tema não é menor, pois, a partir dessa articulação, os diferentes movimentos e organizações elaboram diagnósticos comuns, expandem a plataforma discursiva, que ultrapassa a problemática local e nacional, e diversificam as estratégias de luta combinando a mobilização de base e a articulação de redes sociais com a geração e aplicação de diferentes instrumentos técnicos e legais (amparos coletivos, novas ordenanças, demanda de consulta pública e leis de proteção do ambiente e dos direitos dos povos indígenas).

De todas as atividades extrativas na América Latina, a mais questionada é, sem dúvida, a mineração de metais em grande escala. Hoje em dia, não há país latino-americano com projetos de mineração que não tenha conflitos sociais entre as empresas mineradoras e as lideranças comunitárias, passando por México, Guatemala, El Salvador, Honduras, Costa Rica, Panamá, Equador, Peru, Colômbia, Brasil, Argentina e Chile. Existem vários espaços consagrados ao assunto da mineração, entre eles, o Observatório Latino-Americano de Conflitos Ambientais (Olca), criado em 1991, com sede no Chile, e o Observatório de Conflitos Mineiros da América Latina (Ocmal), que funciona desde 1997 e articula mais de quarenta organizações, incluindo a Ação Ecológica, do Equador. Assim, segundo o Ocmal, em 2010 havia 120 conflitos mineiros que afetavam 150 comunidades; em 2012, os conflitos já eram 161, com 173 projetos e 212 comunidades afetadas. Em fevereiro de 2014, o número de conflitos chegava a 198, com 297 comunidades afetadas e 207 projetos envolvidos. Em janeiro de 2017, havia 217 conflitos, que envolviam 227 projetos e 331 comunidades. Os países com maior quantidade de conflitos são Peru (39), México (37), Chile (36), Argentina (26), Brasil (20), Colômbia (14) e Equador (7). Seis conflitos possuem caráter transfronteiriço (Ocmal). De acordo com o *Atlas de Justiça Ambiental* (Ejatlas, na sigla em inglês), o aumento nos conflitos ocorreu a partir de 1997 e especialmente depois de 2006-2008. A base do Ocmal mostra um aumento a partir de datas similares (Villegas, 2014, pp. 10-1).[19]

Dessa forma, é impossível realizar um levantamento dos conflitos socioambientais ou uma lista das redes

---

19 O Ejatlas é um projeto com participação de uma equipe internacional de especialistas, procedentes de 23 universidades e organizações de justiça ambiental de dezoito países. Ele é coordenado pelos pesquisadores do Instituto de Ciência e Tecnologia da Universidade Autônoma de Barcelona e está sob a direção de Joan Martínez Alier.

auto-organizativas, nacionais e regionais, de caráter ambiental que existem hoje na América Latina. Sem a intenção de exaurir o assunto e apenas como exemplo, farei uma breve revisão de alguns conflitos e redes em países como Peru, Bolívia, Nicarágua, Equador, Colômbia, México e Argentina.[20] Em 2013, no Peru, país com tradição em mineração em larga escala, de acordo com a Defensoria Pública, de 120 conflitos, aqueles ligados à mineração representavam 48% do total de conflitos sociais. Em 2016, a porcentagem tinha crescido para 68%, dado que já eram 220 os atritos sociais que as autoridades peruanas identificavam em todo o território nacional, com 150 ligados à imposição de projetos de mineração.[21] Entre as organizações pioneiras em nível continental na luta contra a megamineração, destaca-se a Confederação Nacional de Comunidades Afetadas pela Mineração (Conacami), criada em 1999. Outra organização

20 Existe uma bibliografia enorme sobre os conflitos socioambientais em nível nacional ligados ao extrativismo na América Latina. No caso do Peru, recomendo os textos de De Echave (2009) e Hoetmer, Castro, Daza e De Echave (2013), que articulam o saber especialista com uma visão dos movimentos sociais contra a megamineração. No caso da Bolívia, recomendo os trabalhos do Centro de Documentação e Informação da Bolívia (2014); para a Colômbia, os textos de Roa e Navas (2014) e de Archilla (2015); no caso do México, Composto e Navarro (2011) e Navarro (2015), assim como Delgado (2010) e Lemus (2018). Para uma cartografia dos conflitos ambientais na Argentina, ver Merlinsky (2016), Gianrracca e Teubal (2013), Svampa e Viale (2014), Sola e Bottaro (2013) e Machado Aráoz (2013; 2014).

21 "Perú: 150 conflictos mineros", em *Contralínea*, 16 set. 2016. Disponível em: <www.contralinea.com.mx/archivo-revista/index.php/2016/09/16/peru-150-conflictos--mineros>. Acesso em: 15 abr. 2019.

importante é o Grupo de Formação e Intervenção para o Desenvolvimento Sustentável (Grufides), de Cajamarca, que tem uma longa trajetória de intervenção e luta, e cujo dirigente, o ex-sacerdote e sociólogo Marco Arana, fundou o partido Terra e Liberdade em 2009.[22] Na atualidade, embora a Conacami já não tenha a presença territorial e a capacidade de articulação que sustentou até 2008-2009, outras estruturas organizativas locais se fortaleceram em seu lugar, como as *rondas campesinas*, cujo papel é cada vez maior na luta contra a megamineração (Hoetmer; Castro; Daza & De Echave, 2013, p. 268).

Na Bolívia, a onda extrativista abarca desde mineração, exploração de hidrocarbonetos e avanço do agronegócio até, mais recentemente, uma série de projetos energéticos incluídos na chamada Agenda Patriótica 2025, o novo Plano Nacional de Desenvolvimento, que envolve a construção de várias megarrepresas e uma central nuclear em El Alto. Como foi dito, o divisor de águas foi o conflito do Tipnis, em 2011, em torno da construção de uma estrada. A defesa do extrativismo ficou a cargo do vice-presidente Álvaro García Linera, que em 2015 ameaçou expulsar quatro ONGs bolivianas (Centro de Documentação e Informação Bolívia [Cedib], Terra, Centro de Estudos para o Desenvolvimento Laboral e Agrário [Cedla] e Milênio) que realizavam trabalhos de pesquisa sobre o neoextrativismo e a expansão da fronteira do agronegócio, acusando-as de defender "os interesses da direita política internacional".[23] Em 2016,

---

22 Rebatizado Terra e Dignidade, esse partido participou da Frente Ampla de Esquerda que ficou em terceiro nas eleições gerais de 2016, com a candidatura de Verónika Mendoza.

23 "31 intelectuales del mundo piden a García Linera respeto a las ONG", em *El Deber*, 12 ago. 2015. Disponível em <https://www.eldeber.com.bo/60544_31-intelectuales-del-mundo-

o governo sancionou uma nova lei, que restringe a liberdade de associação e torna as ongs passíveis de fechamento caso não se ajustem à Agenda Patriótica 2025 e ao Plano Nacional de Desenvolvimento. Em 2017, a situação de assédio e perseguição ao Cedib era cada vez maior, tornando seu funcionamento quase insustentável.

Um dos casos mais preocupantes é o do Equador, onde, apesar de a própria Constituição estabelecer os direitos da natureza, a resposta do governo de Rafael Correa (2007-2017) ao conflito socioambiental foi a criminalização e condenação do protesto, por meio de julgamentos criminais de porta-vozes de organizações indígenas que terminaram em sentenças de prisão de dez anos,[24] assim como da retirada do status legal e da expulsão de algumas ongs, como a Fundação Pachamama (em 2013), do assédio e da ameaça de dissolução da renomada Ação Ecológica (tanto em 2009 como em 2016) e do cancelamento de vistos e da expulsão de consultores estrangeiros ligados a dirigentes ambientalistas em 2014-2015. Além disso, o governo equatoriano se valeu de dispositivos legais para invalidar o pedido da Iniciativa Popular, proposta pelo movimento cidadão Yasunidos, depois de decidir unilateralmente o fim da moratória extrativista na região amazônica conhecida como Yasuní e o

piden-a-garcia-linera-respeto-a-las-ong>. Aceso em: 15 abr. 2019.

24 Ver o informe da Federação Internacional de Direitos Humanos (fidh), que reúne casos de criminalização de defensores dos direitos humanos na América Latina, ocupando-se entre outros de casos de criminalização no vale do rio Íntag e dos indígenas da Federação Shuar (2015). Disponível em: <www.fidh.org/IMG/pdf/criminalisatio-nobsangocto2015bassdef.pdf>. Aceso em: 15 abr. 2019.

início da exploração de petróleo. Apesar de resistências importantes à megamineração (o Equador não tem uma tradição de mineração em grande escala), a partir de 2013 o governo avançou por meio da militarização dos territórios, incluindo o vale do rio Íntag, um bastião da luta contra esse tipo de atividade, cuja população expulsou diversas empresas mineradoras e havia apostado em desenvolvimentos alternativos. Ademais, as empresas chinesas, que lideram os investimentos em mineração no país, foram acusadas de fazer uso de práticas trabalhistas abusivas.[25] Segundo a Ação Ecológica, já em 2012 empresas de origem chinesa ligadas ao projeto de mineração Mirador foram denunciadas por não garantir benefícios trabalhistas, e por maus-tratos, salários injustos e acidentes na comunidade indígena shuar. Em 2016, houve novos conflitos quando os Shuar tomaram um acampamento de mineradores na região da Amazônia. A entrada da empresa chinesa se deu sem consulta prévia e com a militarização dos territórios. Em dezembro do mesmo ano, diante das reclamações da comunidade shuar, o conflito cresceu de tal maneira que levou a uma morte e vários feridos. A resposta do então presidente Correa foi declarar estado de exceção, chamar os indígenas shuar de "grupos paramilitares e semidelinquentes" e anunciar a dissolução da Ação Ecológica. Por fim,

25 Além disso, as empresas chinesas contam com inúmeros benefícios, pois "executam os projetos financiados com créditos chineses outorgados com altas taxas de juros, e normalmente o pagamento está sujeito a insumos que eles mesmos administram e à contratação de mão de obra chinesa". "Xi Jinping en Ecuador. Entrega 3: El cuento de la minería china en Ecuador", em Acción Ecológica, 16 nov. 2016. Disponível em <http://www.accionecologica.org/component/content/article/417-cuento-chino/2052-2016-11-17-03-29-12>. Quanto ao assunto da mineração e da presença de empresas chinesas no Equador, ver Chicaiza (2014).

devido ao apoio nacional e internacional, o Ministério do Ambiente anulou o pedido de dissolução feito pelo Ministério do Interior.

Do mesmo modo, na Colômbia, entre 2001 e 2011, 25% dos conflitos tiveram relação com petróleo, ouro e carvão (Roa & Navas, 2014, p. 35). Em 2010, durante sua primeira campanha presidencial, Juan Manuel Santos lançou o slogan "Colômbia, a locomotiva de mineração e energia". Um dos projetos de mineração que suscitou enorme resistência foi La Colosa, a cargo da empresa Anglo Gold Ashanti. Depois de sua construção, já se tratava da quinta maior mina de ouro do mundo, afetando inúmeras localidades do departamento de Tolima, considerado a despensa agrícola da Colômbia. Foram criados comitês ambientais em defesa da vida, que impulsionaram consultas públicas. Depois de uma primeira em Piedras, em 2013, os comitês ambientais se organizaram para realizar consultas em Cajamarca e Ibagué, mas encontraram sérios obstáculos legais e empresariais. Por fim, em abril de 2017, foi realizada uma consulta pública em Cajamarca, cujo resultado também foi contrário a La Colosa. No mesmo ano, sem uma licença social para operar, a empresa Anglo Gold Ashanti decidiu suspender todas as atividades do projeto.[26]

Mas a megamineração não é a única frente do conflito extrativista na Colômbia. Há também o Plano Diretor para o Aproveitamento do rio Madalena, o mais importante do país, que nasce nos Andes e tem

26 Nos últimos anos, em um contexto no qual os controles ambientais foram flexibilizados, a Anglo Gold Ashanti, uma empresa de origem sul-africana cuja maioria dos acionistas é estadunidense ou britânica, iniciou uma acumulação de títulos minerários que quase passou despercebida à sociedade colombiana.

uma extensão de 1,5 mil quilômetros. A concessão do rio faz parte da política do IIRSA, que, longe de melhorar as condições ambientais e sociais deste curso de água, pretende convertê-lo em uma grande hidrovia para barcos carregando carvão, petróleo e folha de palmeira, destinados à exportação. Outro objetivo é transformar o rio em um grande gerador de energia por meio da construção de várias represas, muitas das quais ficariam a serviço dos projetos mineradores. Esse enorme plano de privatização do rio Madalena (controlado por uma empresa de origem chinesa) originou uma mobilização que assumiu o nome de El Río de la Vida [O rio da vida].

No México, foi criada em 2008 a Assembleia Nacional de Afetados Ambientalmente (ANAA) contra a megamineração, as represas hidrelétricas, a urbanização selvagem e as megagranjas industriais. Há experiências emblemáticas como a do Conselho de Ejidos e Comunidades Contrárias à Barragem La Perota (Cecop), que, durante dez anos, reuniu a luta de camponeses indígenas no estado de Guerrero sob o lema "Nós somos os guardiões da água" (Navarro, 2015, p. 141). Outra experiência importante é a da Frente Ampla de Oposição (FAO) contra a mineradora San Xavier, que se converteu em um espaço de inúmeras atividades públicas, rodadas informativas e disputas legais que tiveram seu clímax em 2006, quando a empresa construiu as bases do reservatório — o que de início envolvia a demolição do povoado (Composto & Navarro, 2011, p. 51).

Na Nicarágua existe um dos megaprojetos mais ambiciosos e controversos da região, o Canal Interoceânico, três vezes maior que o Canal do Panamá, concedido à empresa chinesa Hong Kong Nicaragua Canal Development (HKND). Em novembro de 2015, o início das obras foi adiado devido aos protestos de camponeses e ao questionamento do estudo de impacto ambiental por parte de especialistas internacionais convocados pela Academia de Ciências da Nicarágua (2015). Como consequência, foi criado o Conselho Nacional pela Defesa da Terra, do Lago e da Soberania Nacional. O primeiro protesto de comunidades afetadas ocorreu em 2014. No fim de 2016, uma marcha camponesa contra o projeto de canalização que pretendia chegar a Manágua foi reprimida pela polícia e pelos militares, resultando em inúmeros presos e feridos à bala. Entretanto, naquele momento, as obras, que afetariam muitas comunidades e teriam graves impactos sobre o Grande Lago da Nicarágua, a maior reserva de água doce da região, não puderam ter início.

Por último, na Argentina se destacam as assembleias em defesa da água, unificadas na União das Assembleias Cidadãs (UAC), surgida em 2006, originariamente ligada à luta contra a megamineração e, em menor medida, à crítica ao modelo de agronegócio. A UAC tem um formato de assembleia e se reúne três vezes ao ano, com o objetivo de estabelecer estratégias comuns de resistência diante do avanço do modelo de mineração em doze províncias, e de defender as leis (sete no total) que proíbem a megamineração no país. Com relação ao agronegócio, vinculado à expansão da soja transgênica — o coração do capitalismo agrário na Argentina —, as resistências tiveram mais dificuldade de obter visibilidade, apesar do papel pioneiro das Mães do Bairro de Ituzaingó, na província de Córdoba. Em 2007, foi criada a campanha Parem de Fumigar, promovida pelo Centro de Proteção da Natureza (Cepronat) de Santa Fé, o Grupo de Reflexão Rural (GRR) e outros (Melón,

2014, p. 79). Nesse processo de ganhar visibilidade foi crucial o papel de médicos e pesquisadores como Andrés Carrasco, que, junto com outros profissionais, criou a Rede de Médicos de Cidades Fumigadas.[27]

27 Em 2009, Andrés Carrasco, professor de embriologia, principal pesquisador do Conselho Nacional de Investigações Científicas e Técnicas (Conicet) e diretor do Laboratório de Embriologia Molecular da Faculdade de Medicina da Universidade de Buenos Aires (UBA) e do Conicet, divulgou sua pesquisa em embriões sobre os efeitos prejudiciais do agroquímico glifosato, comprovando que, com doses até 1.500 vezes inferiores às utilizadas nas fumigações realizadas nos campos argentinos, já se apresentavam transtornos intestinais e cardíacos, malformações e alterações neurais. A campanha de difamação contra Carrasco teve várias repercussões (ameaças anônimas, campanhas de desprestígio midiáticas e institucionais, fortes pressões políticas), o que levou a uma declaração de apoio assinada por mais de trezentos pesquisadores e colegas do âmbito nacional e internacional em defesa da liberdade de investigação e da ética pública. O assédio e a intolerância foram agravados diante dos resultados cada vez mais eloquentes das pesquisas científicas independentes no campo dos agroquímicos e dos organismos geneticamente modificados.

3. Alcance do giro ecoterritorial

Neste capítulo, pretendo me deter nos assuntos que percorrem o giro ecoterritorial. Indico, antes de qualquer coisa, que compreendo o giro ecoterritorial como uma tendência, o que significa que, para além dos tópicos gerais, é efetivamente necessário analisar caso a caso os processos de luta para ver que formas assumem. Do mesmo modo, insisto nos dilemas que perpassam o reconhecimento dos direitos indígenas, assim como a crescente importância do protagonismo feminino. Como consequência disso, destacarei o surgimento de novas formas de feminismo popular na região.

3.1. Temas do giro ecoterritorial

O giro ecoterritorial apresenta contatos significativos com aquilo que os próprios atores denominam movimento de justiça ambiental, originado na década de 1980 nas comunidades negras dos Estados Unidos. Atores que em outros países se aglutinam em torno dessa corrente entendem que a noção de justiça ambiental "implica o direito a um ambiente seguro, sadio e produtivo para todos, onde o meio ambiente seja considerado em sua totalidade, incluindo suas dimensões ecológicas, físicas, construídas, sociais, políticas, estéticas e econômicas". Esse enfoque, que enfatiza a desigualdade dos custos ambientais, a falta de participação e de democracia, o racismo ambiental em relação aos povos indígenas e, por fim, a injustiça de gênero e a dívida ecológica, está na origem de diversas redes de justiça ambiental que hoje se desenvolvem na América Latina, em países como Chile (Olca) e Brasil (Rede de Justiça Ambiental).

Um dos conceitos mais mobilizadores do giro ecoterritorial é o bem viver — em kíchwa, *sumak kawsay*; em aimará, *suma qamaña*; em guarani, *ñandareko* —, que surge como horizonte utópico, responde em sua origem a uma pluralidade de cosmovisões indígenas e que seria errôneo tentar encapsular em uma fórmula vernácula única, atribuir a um povo ou a uma cultura, ou a um novo esquema binário que terminasse se fundindo às dicotomias já estabelecidas pelo discurso colonial (Lang & Mokrani, 2012). Tal conceito propõe novas formas de relação do ser humano com a natureza e com outros seres humanos. Defende, portanto, a passagem de um paradigma antropocêntrico outro, de caráter racional. Entre as diretrizes desse novo paradigma civilizatório se destacam o abandono da ideia de desenvolvimento como crescimento econômico ilimitado, a opção por uma economia solidária e sustentável, a hierarquização igualitária de outras avaliações das atividades e dos bens, além da crematística; enfim, um aprofundamento da democracia.

O bem viver tem como um de seus eixos centrais a relação do homem com a natureza, considerando o homem como parte integrante desta. Desse modo, leva a outras linguagens de valorização (ecológicas, religiosas, estéticas, culturais) com relação à natureza, à ideia de que o crescimento econômico deve estar subordinado à conservação da vida. Tal visão redunda, portanto, no reconhecimento dos direitos da natureza, o que não supõe uma natureza virgem, e sim o respeito integral por sua existência e a manutenção e regeneração de seus ciclos vitais, sua estrutura, suas funções e seus processos evolutivos, a defesa dos sistemas de vida (Gudynas, 2009a). Os direitos da natureza levam a uma profunda mudança civilizacional, que questiona as lógicas antropocêntricas dominantes e se transforma em uma resposta de vanguarda ante a atual crise civilizatória. Alinhada com a proposta de bem viver ou *sumak kawsay*, trata-se de construir uma sociedade sustentada na harmonia das relações dos seres humanos com a natureza. Assim, se o desenvolvimento aponta para a "ocidentalização" da vida no planeta, o bem viver resgata as diversidades, valoriza e respeita o "outro" (Acosta, 2010). Por último, nunca é demais lembrar que o debate sobre os direitos da natureza foi posto na agenda política pela nova constituição do Equador, aprovada em 2008. Nela, a natureza aparece como um sujeito com direitos, especificados como "o direito de ter respeitada integralmente sua existência, e a manutenção e regeneração de seus ciclos vitais, sua estrutura, suas funções e seus processos evolutivos" (artigo 71). Entretanto, essa tendência, que teve início na América Latina, não é compartilhada mundialmente nem é majoritária.

Outro ponto do giro ecoterritorial diz respeito a conceber os bens naturais como bens comuns (*commons*, em inglês), uma das chaves na busca de um paradigma alternativo tanto no Norte como no Sul do planeta. Na América Latina, a gramática do comum adquire dois sentidos. Por um lado, no âmbito da luta contra as diferentes formas de neoextrativismo e a extensão do processo de mercantilização, há uma tendência de colocar o foco na defesa dos bens naturais, o que abarca desde processos de grilagem à privatização das sementes e à superexploração da natureza. Por outro lado, a noção de bens comuns também implica um olhar diferente sobre as relações sociais, a partir da importância que adquirem os espaços e as formas de cooperação social, de uso e usufruto comum. Anos atrás, o mexicano Gustavo Esteva (2007) denominou isso de "âmbitos de comunidade".

É preciso recordar que, historicamente, nossos territórios periféricos são fábricas de solidariedade. Situados fora do mercado formal e em face da ausência do Estado, grande parte dos setores populares teve de se desenvolver e reproduzir mediante estruturas autogeridas de cooperação. No mundo andino, a persistência da forma "comunidade" costuma ser a chave para explicar a atualização de redes de cooperação e interdependência. Mas, em contextos urbanos de desenraizamento, marcados pela modernização desigual, é necessário construir novas solidariedades. No momento, diante do avanço do cercamento e sequestro do comum, diante do fato do capitalismo generalizado em sua fase de espoliação e mercantilização da vida, as novas resistências se manifestam por meio do surgimento de espaços comunitários e de formas de sociabilidade, ou seja, campos de experimentação coletiva que reivindicam a produção e a reprodução do comum, para além do Estado e do mercado.

Os diferentes tópicos do giro ecoterritorial dão conta do surgimento de uma nova gramática das lutas, da gestação de uma linguagem alternativa de forte ressonância no interior do espaço latino-americano, de um marco comum de significações que articula lutas indígenas e novas militâncias territoriais/ecológicas e feministas, que apontam para a expansão das fronteiras do direito, em clara oposição ao modelo dominante. Seja em uma linguagem de defesa do território e dos bens comuns, dos direitos humanos, dos direitos da natureza ou do bem viver, a demanda aponta para uma democratização das decisões, e mais ainda para o direito dos povos de dizer "não" a projetos que afetem seriamente as condições de vida dos setores mais vulneráveis e comprometam o futuro das novas gerações.

No entanto, apesar do impacto global que essa narrativa tem no campo das lutas contra a globalização neoliberal, é preciso levar em conta que as novas estruturas de significação não se converteram ainda em *debates da sociedade*, ainda que tenham ocorrido, não sem dificuldades, notórios avanços para colocar diferentes temas na agenda pública e política. Nesse sentido, seria um erro interpretar esses marcos coletivos como se fossem inequívocos ou atravessassem o conjunto de experiências, dada a heterogeneidade de organizações e de tradições de luta. Na verdade, é necessário ler o giro ecoterritorial como uma tendência que percorre e informa as lutas, a partir de um quadro de inteligibilidade mais geral. Nesse sentido, os conflitos socioambientais emblemáticos (em especial durante a segunda fase do Consenso dos *Commodities*) contribuíram para lhes dar visibilidade, expandindo o debate até incluir a problemática ambiental, inclusive se a maioria dos governos e não poucos setores sociais urbanos tendem a entendê-la de maneira limitada ou parcial, como mais uma dimensão, sem atentar às múltiplas implicações que o neoextrativismo carrega. Em suma, trata-se de linguagens de valorização que abriram uma rachadura no Consenso das *Commodities*, que têm uma ressonância social, sem ser dominantes, por meio de sua inscrição na agenda política e parlamentar, mesmo que as expectativas econômicas e políticas das grandes maiorias tenham sido incluídas nas políticas públicas que incentivam o neoextrativismo e naturalizam os modelos dominantes de inclusão pelo consumo.

3.2. Neoextrativismo e povos indígenas

A mudança de época registrada a partir do ano 2000 na região, com a desnaturalização da relação entre globalização e neoliberalismo, foi configurando um cenário transicional e conflitivo no qual uma das maiores características foi o Consenso das *Commodities*, expresso por meio da (re)articulação entre neoextrativismo e uma nova versão do desenvolvimentismo. Desse modo, a crise do consenso neoliberal, a relegitimação dos discursos críticos, o crescimento e a promoção de diferentes movimentos sociais e, por fim, a reativação da tradição populista se inseriram em uma nova fase de acumulação de capital, cujo núcleo foi o avanço de diferentes formas de extrativismo em grande escala.

Esse processo teria importantes consequências no que se refere à situação dos povos indígenas, uma vez que a outra face da expansão da fronteira de direitos coletivos, reconhecidos pelas diferentes constituições nacionais e pela normativa internacional (da Convenção 169 da OIT à Declaração Universal dos Direitos Indígenas), foi a expansão das fronteiras do capital na direção dos territórios indígenas e o aumento dos conflitos socioterritoriais. No âmbito dos governos progressistas, essa problemática, lida primeiro como tensão e depois como antagonismo, foi suscitando respostas diferentes, que, no caso do lugar dos povos indígenas, colocaram no centro do conflito a questão da *autonomia* e, de modo mais generalizado, a questão do direito à *consulta prévia, livre e informada* (CPLI, de agora em diante) ante a expansão da fronteira petrolífera, mineradora, energética e o agronegócio.

Um relatório da Cepal sobre a situação dos povos indígenas, baseado no documento elaborado pelo relator especial da Organização das Nações Unidas (ONU) sobre os povos originários (do período 2009-2013), ressalta como um dos grandes nós dos conflitos produzidos pela expansão das atividades extrativas nos territórios indígenas o "não cumprimento do dever estatal de consulta aos povos indígenas e de adoção de salvaguardas e medidas para proteger seus direitos antes de outorgar concessões ou autorizar a execução de projetos extrativos".[28] Tal relatório reproduz ainda um mapeamento das indústrias extrativas que mostra que todos os países da América Latina onde existem territórios indígenas apresentam conflitos socioambientais. Durante o período 2010-2013, o mapa identificou pelo menos 226 conflitos socioambientais em territórios indígenas da América Latina, associados a projetos extrativos de mineração e hidrocarbonetos (Cepal, 2013, p. 139).

A questão a respeito da implementação da CPLI está longe de ser inequívoca. A CPLI deve ser interpretada em termos de consulta ou consentimento? Ela deve ser não vinculante ou os povos indígenas têm direito a veto? A OIT determina que a consulta seja de boa-fé e com a finalidade de tentar obter o consentimento da comunidade ou, pelo menos, chegar a um acordo. Posteriormente, a Declaração

---

28 O relatório data de 2013, e o mapeamento foi realizado pelo Projeto de Apoio para o Relator Especial sobre os Direitos dos Povos Indígenas da Universidade do Arizona. Os outros "nós problemáticos" remetem às salvaguardas jurídicas inadequadas ou inexistentes dos direitos dos povos indígenas sobre suas terras, suas águas, seus recursos naturais, sua biodiversidade e seu território; aos conflitos resultantes das áreas sagradas afetadas; à inexistente ou deficiente avaliação independente dos impactos ambientais, econômicos e territoriais dos projetos extrativos; à exclusão dos povos indígenas da participação nos benefícios advindos da exploração de recursos em seus territórios; e, por fim, à criminalização do protesto social indígena devido a projetos que afetam seus direitos e seus territórios (Cepal, 2013, p. 58).

das Nações Unidas sobre os Direitos dos Povos Indígenas adotada em 2007 deu mais um passo ao envolver o princípio do consentimento livre, prévio e informado para o deslocamento de grupos indígenas de suas terras, bem como para a adoção e aplicação de medidas legislativas e administrativas que os afetem, entre outras situações. Além disso, ordena aos Estados reparar todos os bens de ordem intelectual, cultural ou espiritual que os grupos indígenas tenham perdido sem consentimento livre, prévio e informado. Ainda que essas disposições não tenham um caráter vinculante, estabelecem um forte compromisso por parte dos Estados e fazem pressão sobre eles para que levem a cabo uma adequação.

Nesse sentido, o sociólogo e jurista colombiano César Rodríguez Garavito enxerga duas interpretações do direito de consulta: uma forte e outra fraca. Segundo ele,

> organismos internacionais como a Relatoria sobre Direitos dos Povos Indígenas da ONU e a Corte Interamericana de Direitos Humanos (2007) estabeleceram interpretações do direito internacional mais exigentes, principalmente quando se trata de grandes planos de desenvolvimento ou investimento que tenham um impacto profundo sobre um povo indígena.

No outro extremo, temos a concepção procedimental débil, como expressado pela Corte Constitucional do Equador (Rodríguez Garavito, 2012, p. 48).

Existem ainda outras ferramentas jurídicas em escala regional, como a Comissão Interamericana de Direitos Humanos (CIDH), da Organização dos Estados Americanos (OEA), sediada na Costa Rica, que tem caráter vinculante para os Estados americanos. Também são muito importantes os informes do relator especial da ONU sobre os Direitos Humanos e as Liberdades Fundamentais dos Povos Indígenas, já que costumam dar visibilidade e força política às demandas indígenas ao investigar formas de superar os obstáculos existentes para proteger os direitos indígenas, além de compilar informações sobre violações desses direitos, realizar missões a regiões em conflito e elaborar relatórios. A CIDH tem uma tradição garantista do tema. Em 2007, por exemplo, por meio da análise de cinco casos contenciosos, determinou um marco jurídico internacional para resolver os problemas entre os Estados e as comunidades indígenas. Em primeiro lugar, estabeleceu que é tarefa dos Estados assegurar a efetiva participação dos povos indígenas, de modo que eles têm o dever de consultar tais comunidades segundo seus costumes e suas tradições, aceitar e dar informações, e promover a comunicação entre ambas as partes. As consultas devem ser realizadas com boa-fé, por meio de procedimentos culturalmente adequados, desde as primeiras etapas dos projetos de desenvolvimento, e deve-se assegurar que as comunidades conheçam os possíveis riscos. Em segundo lugar, foram feitas recomendações sobre os assuntos a respeito dos quais deveria haver consultas, tal como a extração de recursos naturais em território de povos indígenas. Além disso, são as comunidades, e não o Estado, que devem decidir quem representará os povos indígenas em cada procedimento da consulta. Por último, se o plano de desenvolvimento é de larga escala ou de grande impacto, os Estados não podem seguir adiante sem obter o consentimento prévio, livre e informado.

Um avanço importante na linha da interpretação de sentido forte foi a sentença da CIDH de 30 de julho de 2012 a respeito do povo kíchwa de Sarayaku, na Amazônia equatoriana. Há mais de uma década foi apresentada uma queixa contra o Estado equatoriano por ter outorgado uma concessão petrolífera e permitido que uma empresa de capital argentino explorasse sismicamente o território de Sarayaku, sem que seu povo tivesse sido consultado com antecedência. A justiça determinou que o Equador tinha violado os direitos à consulta prévia e informada, à propriedade comunal indígena e à identidade cultural. O Estado também foi declarado responsável por colocar em grave risco os direitos à vida e à integridade pessoal e por ter violado os direitos a garantias judiciais e a proteção judicial em prejuízo do povo de Sarayaku. Em consequência, o tribunal ordenou que o Equador "retirasse os explosivos do território". Além disso, "o Estado deve conduzir uma consulta adequada, efetiva e plena antes de começar projetos de extração de recursos naturais". Deve ainda realizar "cursos obrigatórios" acerca dos direitos dos povos indígenas, dirigidos a funcionários que têm contato com eles, e organizar "um ato público de reconhecimento de responsabilidade" pelas violações. Por fim, o tribunal estabeleceu que o Estado deveria pagar noventa mil dólares em danos materiais e 1,25 milhão de dólares em danos não materiais ao povo de Sarayaku.[29]

Essa decisão foi um marco no assunto, e esperava-se que tivesse impacto sobre os litígios pendentes entre direitos indígenas e avanço da fronteira extrativa. Não é por acaso, portanto, que desde 2012-2013 a CIDH esteve sob a lupa dos países latino-americanos. O governo venezuelano, por exemplo, decidiu se retirar dela, alegando parcialidade e decadência moral da comissão, e o Brasil ameaçou fazer o mesmo quando recebeu medidas cautelares por parte da CIDH que implicavam a suspensão da

29 "Pueblo indígena kíchwa de Sarayaku v. Ecuador", em Corte Interamericana de Derechos Humanos, 27 jun. 2012. Disponível em: <www.corteidh.or.cr/docs/casos/articulos/seriec_245_esp.pdf>. Acesso em: 15 abr. 2019.

construção da megarrepresa de Belo Monte, levada a cabo sem a devida consulta a populações indígenas.[30]

A CPLI costuma se instalar em um campo de disputa social e jurídica cada vez mais complexo e dinâmico. Da perspectiva dos governos latino-americanos, em tempos de neoextrativismo desenvolvimentista, a CPLI é mais do que uma pedra no sapato. Para além das declarações grandiloquentes em nome dos direitos indígenas e da defesa da Pacha Mama, não há governo latino-americano que não tenha tentado minimizar a CPLI, limitando-a às suas versões fracas mediante diferentes legislações e regulamentações, que têm como objetivo estabelecer seu caráter de consulta não vinculante, assim como facilitar a tutela ou manipulação em contextos de forte assimetria de poderes. Isso vale tanto para o governo democratizador de Evo Morales, que não se privou de fazer um uso claramente manipulador da CPLI durante o conflito do Tipnis; para o governo anti-indígena de Rafael Correa, no Equador, já que, apesar de sua ratificação, na prática não houve cumprimento, aparecendo reformulada sob outras formas, como a consulta pré-legislativa; para o Peru, onde sucessivos governantes neoliberais, de Alan García a Ollanta Humala, tentaram colocar um freio (violento) à demanda do direito à consulta, tratando de restringi-la aos povos amazônicos, em prejuízo das comunidades andinas, muitas das quais se opõem à

30 Recordemos que a CIDH é um organismo da OEA, e que seu objetivo é fazer um acompanhamento geral de diferentes temas relativos a direitos humanos. Nos últimos anos, a CIDH tem sido muito criticada pela politização de suas sentenças. Têm ocorrido inúmeros conflitos na Venezuela (denúncias de violação de direitos humanos), no Equador (denúncias contra a liberdade de imprensa) e na Nicarágua (violações de direitos humanos e ausência de direitos aos nicaraguenses que trabalham na Costa Rica). Ao mesmo tempo, ela é criticada por nunca ter condenado nenhum ditador ou ditadura latino-americana, o que aconteceu, por exemplo, no golpe de Estado contra Manuel Zelaya em Honduras, entre outros casos.

instalação de megaprojetos de mineração; e também para a Argentina, onde foram aprovadas leis estratégicas sobre os recursos naturais (como a de hidrocarbonetos, em 2014, que inclui o fraturamento hidráulico) sem incorporar a consulta aos povos indígenas.

Na Bolívia, substituindo toda a normativa prévia, em março de 2015 o governo modificou o regulamento de participação e consulta de atividades hidrocarboníferas. Outro decreto supremo, de maio do mesmo ano, permitiu essa exploração em áreas protegidas. Da mesma forma, segundo o Cedib, em sete anos houve pelo menos 49 consultas prévias sem avaliação ambiental, de modo que as populações envolvidas não conheciam os impactos de tais atividades.[31] A chamada Agenda Patriótica 2025 compromete diferentes territórios e, inclusive, áreas protegidas, onde estão assentadas comunidades de povos indígenas. O próprio direito à consulta prévia foi desnaturalizado para acelerar a execução de investimentos petrolíferos (Gandarillas, 2014, p. 123).

31 "O pesquisador do Centro de Documentação e Informação Bolívia (Cedib), Pablo Villegas, informou que de 2007 a 2014 foram realizadas no país 49 consultas prévias sobre o tema dos hidrocarbonetos, sem levar em conta a avaliação ambiental. Por causa disso, subsistem conflitos em dezoito territórios indígenas e onze áreas protegidas. [...] Segundo contou um pesquisador à ANF, o tratamento do impacto ambiental é realizado sem base científica, e, quando se fala sobre as compensações, isso é feito sem avaliação ambiental, o que implica que os povos indígenas não sabem como serão afetados pela exploração de seu território. Ele acrescentou que as avaliações de impacto ambiental são uma espécie de 'segredo de Estado' e que seu acesso é restringido para os cidadãos e para os povos indígenas." A informação completa pode ser consultada em: <www.cedib.org/post_type_titulares/cedib-en-7-anos-hubo-al-menos-49-consultas-previas--sobre-hidrocarburos-sin-evaluacion-ambiental-pagina--siete-17-8-15>. Acesso em: 15 abr. 2019.

A questão da CPLI constitui assim um dos temas mais difíceis e controversos da normativa internacional, regional e nacional sobre os direitos dos povos indígenas. Ainda que apareça como "um instrumento especializado", em apenas duas décadas foi objeto de conflitos jurídicos com o envolvimento de grandes interesses econômicos, acarretando sérios riscos para a sobrevivência dos povos indígenas e de outros grupos étnicos.

A situação dos povos indígenas se insere em um cenário cheio de contrastes e contradições. O reconhecimento dos direitos coletivos abre inúmeros debates na América Latina acerca dos processos de democratização plural nas sociedades dessa região no século XXI e, em especial, sobre a viabilidade e o alcance de tais direitos enunciados em nível internacional, recolhidos por todas as instituições políticas latino-americanas hoje vigentes. Estamos, portanto, diante de um dilema que dá conta da colisão entre duas dinâmicas. Por um lado, a escala global; desde meados do século XX e no calor do processo de descolonização, assistimos à expansão da fronteira dos direitos culturais e políticos dos povos indígenas. Conceitos-horizonte como *autonomia*, *direitos coletivos*, *Estado plurinacional* perpassam a narrativa indigenista e ilustram o empoderamento político crescente dos povos originários de diferentes países da América Latina. Por outro lado, a expansão vertiginosa das fronteiras do capital, na chave extrativista, dá conta de um novo processo de encurralamento dos povos indígenas, ameaçando em seu conjunto a preservação dos recursos básicos para a vida. *Esbulho* e *recolonização* são alguns dos termos utilizados de modo recorrente por inúmeras referências indígenas ou movimentos sociais. Em suma, a expansão da fronteira extrativa faz explodir a própria possibilidade de aplicar os direitos coletivos dos povos indígenas que acabaram de ser reconhecidos em nível global, nacional e local.

3.3. Feminismos populares do Sul

Historicamente, o papel das mulheres nas lutas sociais no Sul global tem sido muito importante. Na América Latina, o protagonismo feminino aumentou nas últimas décadas: mulheres indígenas, camponesas, negras, mulheres pobres da zona rural e urbana, lésbicas e trans saem do silêncio, mobilizam-se, recriam relações de solidariedade e formas de autogestão coletiva. Para dar conta desse empoderamento, fala-se cada vez mais de *feminismos populares*, que, independentemente de suas diferenças, aparecem associados aos setores mais marginais e tendem a questionar a visão individualista e moderno-ocidental, em favor de maior valorização da "experiência coletiva e comunitária" (Korol, 2016).

Entre as formas que adquirem os feminismos populares na região destacam-se os *feminismos comunitários*, que evidenciam a existência de outras formas de modernidade, diferentes da ocidental dominante, vinculando a descolonização à despatriarcalização. Dentro disso, há grupos feministas que relacionam o patriarcado à história colonial; outros que, ao contrário, longe de toda idealização da comunidade, destacam sua "refuncionalização" (Lorena Cabnal, feminista xinca guatemalteca) ou seu "tronco colonial" (Julieta Paredes, Assembleia Feminista, Bolívia), no âmbito das comunidades campesino-indígenas atuais.[32]

Em sintonia com esse empoderamento, no calor da expansão dos conflitos socioambientais, as mulheres

---

32 No campo do feminismo comunitário, como destaca Gargallo (2015), destacou-se por sua repercussão continental o feminismo boliviano de La Paz e Cochabamba: o grupo Mulheres Criando e, depois, também a Assembleia Feminista.

latino-americanas foram adquirindo um protagonismo cada vez maior. Como exemplo, pode-se destacar o caso da Argentina, onde o movimento das Mães do Bairro Ituzaingó, da cidade de Córdoba, foi pioneiro em denunciar os impactos do glifosato na saúde, o que levou ao primeiro julgamento criminal sobre o assunto (Svampa & Viale, 2014). Cabe apontar a persistência das mulheres da Assembleia de Chilecito e Famatina (professoras, donas de casa, comerciantes), que resistiram ao embate das corporações mineradoras (expulsando quatro empresas entre 2009 e 2015, incluindo a Barrick Gold); por último, a resistência de mulheres mapuches contra o fraturamento hidráulico em Neuquén (Cristina Lincopan, já falecida, e Relmu Ñancu, que em 2015 enfrentou um julgamento por tentativa de homicídio). No Chile, é o caso das Mulheres de Áreas de Sacrifício em Resistência de Quintero-Puchuncaví, em um polo industrial próximo a Valparaíso, fenômeno analisado por Paola Bolados e Alejandra Sánchez Cuevas (2017) em termos de ecologia política feminista e violência ambiental.

O mesmo se pode dizer da Colômbia acerca da resistência das mulheres diante da expansão da fronteira petrolífera (Roa; Roa; Toloza & Navas, 2017). São apenas alguns exemplos, mas o caso é que o protagonismo feminino nas lutas ecoterritoriais se repete em todos os países da região. Trata-se de vozes pessoais e, ao mesmo tempo, coletivas, cuja escuta atenta nos situa de maneira progressiva em diferentes níveis de pensamento e ação, já que, por trás da denúncia e do testemunho, não só é possível ver a luta concreta e consensual das mulheres nos territórios como há uma forte identificação com a terra e seus ciclos vitais de reprodução, ao mesmo tempo dessacralizando o mito do desenvolvimento e conduzindo à construção de uma relação diferente com a natureza. Em um vaivém entre público e privado, assoma a reivindicação de uma voz livre, honesta, "uma voz própria" (Gilligan, 2015) que questiona o patriarcado em todas as suas dimensões e busca recolocar a ética do cuidado em um lugar central e libertador, associado de modo indiscutível à condição humana. Certamente, o caráter processual das lutas leva a um questionamento do patriarcado enquanto modelo de dominação de um gênero sobre outro, sobre uma matriz binária e hierárquica que separa e privilegia o masculino sobre o feminino.[33]

Em outras palavras, as lutas das mulheres — organizações indígenas e camponesas, movimentos socioambientais, ONGS ambientalistas e coletivos culturais — vão construindo uma relação diferente entre sociedade e natureza, na qual o ser humano não é compreendido como um ente exterior à natureza, mas como parte dela. A passagem para uma visão relacional coloca no centro a noção de interdependência, já ressignificada como ecodependência, e defende uma compreensão da realidade humana por meio do reconhecimento e do cuidado com os outros e com a natureza.

Por fim, são muitas as autoras que se referem à importância crescente dos feminismos do Sul, incluindo Vandana Shiva e Maria Mies (1998), que costumam falar do *ecofeminismo da sobrevivência*, vinculado à experiência diversa das mulheres em defesa da saúde, da subsistência, do território, o que fez nascer uma consciência de que existem vínculos sólidos entre mulheres e ambientalismo, feminismo e ecologia. Nesse sentido, é interessante explorar os elos dos feminismos populares do Sul da perspectiva ecofeminista. Ainda que o termo *ecofeminista* tenha nascido na década de 1970 e sejam inúmeras as

---

33 Não é de imediato que essas mulheres lutadoras se reconhecem como feministas. Em um primeiro momento, elas não o fazem explicitamente; só depois, no vaivém entre público e privado, elas se ressignificam como feministas declaradas.

autoras que se inserem nesse campo, foi nos últimos anos que suas contribuições tiveram maior difusão. O ecofeminismo retoma o diagnóstico da crise ecológica, que é entendido como uma crise social de caráter antropológico, produto da dupla dominação do humano no plano das relações interpessoais, assim como no campo da relação do humano com o natural. A partir disso, o ecofeminismo faz uma interpretação similar da relação entre o domínio de um gênero sobre outro e do ser humano sobre a natureza, que se expressa em uma lógica identitária, que justifica a desvalorização e marginalização daqueles considerados diferentes: a mulher em relação ao homem e o natural em relação ao humano.

Por último, vale a pena esclarecer que existem diferentes correntes dentro do ecofeminismo, que incluem desde o feminismo diferencialista ou identitário, que naturaliza a relação entre mulheres e natureza, até o ecofeminismo construtivista,[34] que se concebe como uma construção histórico-social ligada à divisão sexual do trabalho. Do meu ponto de vista, parece importante não cair em uma visão essencialista da relação mulher-natureza, pois a chave continua sendo o campo de afinidades eletivas pretendido pela exploração da divisão desigual do trabalho e pela separação entre a produção e a reprodução do social. No entanto, é preciso dizer que na América Latina há uma presença importante de feminismos populares e comunitaristas, de corte espiritualista, que retomam certos elementos da perspectiva essencialista, "mas sem demonizar o homem" (Puleo, 2011), e, acima de tudo, destacam a identificação com o território e a defesa dos ciclos vitais.

---

34 Ver nessa mesma linha Aguinaga, Lang, Mokrani e Santillana (2012), Daza, Ruiz e Ruiz (2013), que reúnem a experiência dos feminismos populares no Peru, vinculando-os aos ecofeminismos. No caso da Argentina, o papel das mulheres nos movimentos socioambientais da perspectiva do ecofeminismo foi analisado de modo pioneiro por Bilder (2013).

4. Rumo a um neoextrativismo de formas extremas

Neste capítulo proponho a leitura de algumas das expressões da atual fase de exacerbação do neoextrativismo, por meio de suas formas extremas, que incluem o aumento da repressão estatal e paraestatal, visível nos assassinatos a ativistas ambientais; o surgimento de novas territorialidades criminais, ligadas à mineração ilegal e/ou artesanal e ao reforço da estrutura patriarcal em um contexto de masculinização dos territórios; e, por último, a expansão das energias extremas. Para complementar essa leitura na chave geopolítica, na última parte se avança na apresentação da ampliação da geografia da extradição nos países centrais.

4.1. O avanço da violência extrativista

Até 2008-2010, assistimos a uma etapa de multiplicação de projetos extrativos, como refletido nos diversos Planos Nacionais de Desenvolvimento, como parte da plataforma eleitoral dos diferentes mandatários latino-americanos, muitos deles em busca de uma reeleição. Desde a "locomotiva de mineração e energia" de Juan Manuel Santos (Plano Nacional do Desenvolvimento, 2010-2014) na Colômbia, passando pelo Plano Estratégico Agroalimentar 2020 (PEA2) na Argentina de Cristina Fernández de Kirchner, o Arco Mineiro do Orinoco na Venezuela — formulado primeiramente no Plano de Desenvolvimento de Hugo Chávez, depois retomado por Nicolás Maduro —, até a passagem do "grande salto industrial" (2010) para a Agenda Patriótica 2025 (2015) na Bolívia, o caso é que os países latino-americanos apostaram no aumento exponencial de megaprojetos extrativos, promovendo a exploração indiscriminada dos bens naturais com objetivos exportadores.

A outra face desse processo foi o aumento dos conflitos, o que contribuiu direta ou indiretamente para a criminalização das lutas socioambientais e o crescimento da violência estatal e paraestatal. Segundo o Global Witness (2014), entre 2002 e 2013 foram registrados 908 assassinatos de ativistas ambientais no mundo todo, sendo que 83,7% deles (760 casos) ocorreram na América Latina. Os dados também mostram que o aumento se deu a partir de 2007 e mais ainda em 2009, coincidindo com a etapa de multiplicação dos projetos extrativos, tal como aparece refletida nos diversos programas de desenvolvimento apresentados pelos diferentes governos.

Depois do Brasil (cinquenta mortes) e das Filipinas (33), o terceiro do ranking é a Colômbia, com 26 assassinatos de defensores ambientais em 2015. A lista regional inclui países como Honduras, Nicarágua, Panamá, México, Guatemala e Peru. No começo de 2012, foram registrados no Panamá fortes episódios de repressão que culminaram na morte de dois membros da comunidade indígena de Ngäbe-Buglé. No Peru, durante o governo de Ollanta Humala (2011-2016), 25 pessoas morreram em meio à repressão, principalmente na região de Cajamarca, onde a população se mobilizou contra o Projeto Conga. Em março de 2016, Berta Cáceres, do Conselho Cívico de Organizações Populares e Indígenas de Honduras (Copinh), foi executada pelas forças repressivas do país por fazer oposição a uma represa hidrelétrica.[35] Em janeiro de 2017, foi assassinada a feminista e ativista contra a megamineração Laura Vásquez Pineda, membro da Rede de Curadoras Ancestrais do Feminismo Comunitário da Guatemala. Do mesmo modo, na Argentina, sob o governo conservador de Mauricio Macri, em um contexto de endurecimento da disputa por terra, Rafael Nahuel, de origem mapuche, foi assassinado em 2017 pelas forças estatais, enquanto o jovem Santiago Maldonado morreu afogado em um caso de repressão estatal.[36]

O neoextrativismo está fazendo cada vez mais

[35] Em 2015, Berta Cáceres recebeu o Prêmio Goldman, também conhecido como o Nobel Verde, em reconhecimento a sua luta. Cáceres fundou o Copinh. Essa organização e o povo lenca conseguiram que a maior construtora de hidrelétricas do mundo — a empresa chinesa Synohidro — saísse do projeto de construir a represa de Agua Zarca no leito do rio Gualcarque.

[36] Desde o início do governo Macri os conflitos se agravaram, e são inúmeros os dirigentes mapuche judicializados. Mais ainda, durante 2017 duas pessoas morreram em meio à repressão.

vítimas na periferia globalizada, sobretudo na América Latina, região detentora do recorde mundial de assassinatos a lideranças comunitárias e ambientais. Como em outros tempos, a ilusão *eldoradista* vai subvertendo uma dialética renovada de espoliação e dependência, que vem acompanhada de mais extrativismo, mais violência e, portanto, menos democracia. Esse processo está evoluindo: só em 2016, 60% de todos os assassinatos de ativistas ambientais do mundo ocorreram na América Latina, números que se repetiram em 2017.[37] Nada indica que esses índices vão melhorar; muito pelo contrário, se levarmos em conta a atual guinada conservadora ilustrada principalmente pelo Brasil, onde o governo atual não apenas aprofundou o modelo extrativista em todas as suas versões, acentuando a violência estatal sobre as populações mais vulneráveis, mas também implantou uma série de políticas públicas que representam um significativo retrocesso em termos de direitos sociais.

---

[37] "207 environmental defenders have been killed in 2017 while protecting their community's land or natural resources", em *The Guardian*, 13 jul. 2017. Disponível em <https://www.theguardian.com/environment/ng-interactive/2017/jul/13/the-defenders-tracker>. Acesso em: 15 abr. 2019.

4.2. Enclaves e territorialidades criminais

A dinâmica do enclave, associada ao extrativismo, conta com uma longa história na região, relacionada em primeiro lugar à extração de minerais e à exportação de diferentes matérias-primas (cana-de-açúcar, guano, borracha, madeira etc.). Povoados-acampamento, às vezes convertidos em cidades, conhecem o esplendor e o esbanjamento, a pobreza e a riqueza extremas. Mas quando as luzes finalmente se apagam e o capital se retira para se expandir em outras latitudes, em busca de *commodities* baratas, tais áreas costumam oferecer a imagem perfeita do saque e do esbulho; cartões-postais de um território fortemente degradado, convertido em zona de sacrifício, que só deixa como legado às comunidades locais os impactos ambientais e sociossanitários. É o ciclo do capital, marcado pela expansão da fronteira de mercadorias, um modelo histórico-geográfico baseado na apropriação rápida (Moore, 2013); uma vez esgotado o recurso, busca voltar a se expandir e diversificar geograficamente.

No começo do século xx, a dinâmica do enclave, ligada à mineração e às plantações, resumiu o ciclo do petróleo, ainda que os diferentes processos de nacionalização que foram registrados na América Latina até os anos 1940 e 1950 tenham aberto uma nova etapa baseada em esquemas soberanistas. Hoje, o neoextrativismo minerador e — em parte e cada vez mais — petrolífero parece retomar a via mais clássica do enclave de exportação, associado à acumulação acelerada e à expansão da fronteira da exploração. Em termos sociais, a configuração de territórios extrativos se traduz no deslocamento do tecido econômico e social prévio e na consolidação de uma forte estrutura de desigualdades que inclui diferentes aspectos, vinculados ao estilo e à qualidade de vida, às relações trabalhistas e de gênero. A associação entre enclaves de exportação e lucro extraordinário provoca um importante aumento do custo de vida, o que acentua as disparidades salariais entre trabalhadores petrolíferos e/ou mineiros, que recebem altos salários, e o restante da população. O *boom* petrolífero e minerador também implica uma crise habitacional e a alta do preço do aluguel. Por último, a desintegração social e a organização do tempo de trabalho aparecem entrelaçadas, o que gera problemáticas sociais como vício em drogas, álcool e jogo.

Na verdade, os territórios extrativos costumam adotar uma configuração própria, diferente daquela dos territórios não extrativos, à medida que promovem problemáticas sociais já existentes na sociedade como um todo, incluindo as disparidades sociais, os preços altos, os vícios, o aumento da criminalidade, a prostituição e, mais recentemente, o tráfico e a expansão das redes criminosas.

No novo século ocorreram mudanças de diferentes índoles em escala nacional e global. O surto e a desorganização social que vivem nossas sociedades produziram transformações notórias no tecido social. Nossas sociedades estão muito mais fragmentadas, o que se tornou mais complexo com a explosão do narcotráfico, a persistência das desigualdades e a marginalização, com a crescente presença da problemática da insegurança. Em consequência, também se acentuaram e diversificaram as formas de violência coletiva. Assim, a amplificação dessas redes de violência[38] encontra

---

38 No livro *La violencia en los márgenes*, escrito por Javier Auyero e María Fernanda Berti, é introduzido o conceito de *redes de violência*, "que faz referência às maneiras como diferentes tipos de violência, em geral pensados como fenômenos separados e analiticamente distintos, se vinculam e respondem

um terreno fértil em contextos extrativos, nos quais costumam se expressar por meio de formas extremas, ou seja, o surgimento de novas territorialidades criminais, em que a marginalidade — e a conivência — em relação ao Estado central se combina ao extrativismo depredador e à busca de lucro extraordinário.

Esse fenômeno se registra hoje em certas regiões marginais da Venezuela onde a fronteira extrativa está sendo expandida (Terán, 2016). Tenhamos em conta que, a partir de 2013, com o fim do chamado super-ciclo das *commodities*, vários governos tiveram uma nova guinada extrativista diante do déficit da balança comercial. Assim como aponta Edgardo Lander, o principal detonador da crise no país — mas não o único — foi a queda drástica do preço internacional do petróleo. Nesse sentido, o governo de Maduro iniciou uma busca intensiva de divisas e, em sintonia com o Plano da Pátria (2013-2019), criou em fevereiro de 2016 mediante decreto uma Nova Zona de Desenvolvimento Estratégico Nacional "Arco Minerador do Orinoco", pela qual abriu quase 112 mil quilômetros quadrados, 12% do território nacional, à grande mineração, para exploração de ouro, diamante, coltan, ferro e outros

uns aos outros" (Auyero & Berti, 2013, p. 94). Da minha perspectiva, essas redes de violência que os autores analisam como parte do cotidiano dos bairros mais relegados tendem a ganhar amplitude, estendendo-se cada vez mais à sociedade como um todo. Não é alheia a isso a incapacidade dos Estados de dar respostas democráticas e, ao mesmo tempo, satisfatórias às problemáticas que geram essas formas de violência. Em outras palavras, em um contexto de desigualdade, as redes de violência se potencializam e põem em evidência a relação de diferentes situações de exclusão, de esbulho e de submissão, revelando uma preocupante regressão democrática e até um perigo de fascistização de certos setores da sociedade.

minerais. A fim de atrair investimentos estrangeiros, o governo chavista firmou alianças e acordos com 150 empresas nacionais e transnacionais, cujo conteúdo se desconhece, pois o decreto de estado de exceção e emergência econômica permite que as contratações para o Arco Minerador possam ser discretas e não exigir autorização da Assembleia Nacional. Assim, a expansão da fronteira das *commodities* por meio da megamineração foi apresentada como uma nova saída "mágica" na busca pela diversificação do extrativismo petrolífero, hoje em crise. Segundo Terán, isso levaria a uma nova cartografia extrativista, na qual "a nova apropriação de fronteira ultrapassa o mapa histórico e se expande para áreas de reservas naturais, extrações *offshore* e parques nacionais" (Terán, 2016, p. 261).

Entretanto, para além dos megaprojetos previstos no Arco Minerador do Orinoco, o caso é que nessa região surgiram novas territorialidades que ilustram novas formas extremas do extrativismo. Pesquisas recentes apontam o surgimento e a consolidação de gangues criminosas ligadas à mineração artesanal e ilegal. O massacre de Tumeremo, no estado de Bolívar, com o trágico resultado de 28 mineiros assassinados (Pardo, 2016), ainda que não tenha sido o primeiro, contribuiu para tornar visível a relação crescente entre rentismo, criminalidade e mineração artesanal e ilegal, um fenômeno que se acentuou nos últimos dez anos.

O que hoje já se conhece em espanhol pelo nome de *pranato mineiro* revela os contornos de uma nova territorialidade extrativa, violenta e mafiosa, que tem como outra face um Estado com escassa capacidade de regulação e de controle territorial e que, ao mesmo tempo, desenvolve vínculos com as gangues armadas. Assim, estamos diante da ascensão de uma esfera paraestatal, *vinda de baixo*, que envolve um grande número de atores econômicos legais e ilegais, e sujeitos sociais. Tais estruturas criminosas não apenas controlam territórios, mas também a população e as subjetividades, o que constitui um golpe importante para qualquer tentativa de reconstrução de um projeto democrático. E tudo isso acontece antes que as empresas transnacionais entrem, com sua lógica de depredação dos territórios.

Na atual conjuntura, a expansão de estruturas criminais ligadas à mineração ilegal não é uma figura específica da Venezuela e também pode ser encontrada no Peru, onde em 2016 tais organizações criminosas obtiveram mais lucro que as redes do narcotráfico.[39] Entretanto, o fenômeno na Venezuela assume traços mais específicos e contundentes, por conta da crise do Estado e devido à fenomenal ruína econômica, que expulsa diferentes populações, forçando-as a procurar novas estratégias de sobrevivência. Em suma, esse tipo de configuração socioterritorial pode ser lida como formas extremas de extrativismo, caracterizadas pela desorganização social, pela desigualdade, pela superprovisão máxima e pelo reforço da matriz de dominação patriarcal, o que promove as redes de violência já existentes na sociedade.

Por outro lado, não menos grave é a conjunção de clientelismo político e violência extrativista que marca a tortuosa relação entre o governo boliviano e as poderosas cooperativas mineradoras na disputa pelo excedente, uma vez finalizado o período de lucro extraordinário. A notícia do assassinato em 2016 de Rodolfo

39 "Em 2016, as organizações criminais no Peru ganharam 2,6 bilhões de dólares pela produção e venda de ouro obtido de forma ilegal, enquanto as redes dedicadas ao narcotráfico lucraram entre quinhentos milhões e um bilhão de dólares. Uma diferença abismal." Ver "Minería ilegal género más ganancias que el narcotráfico", em *La República*, 25 abr. 2017. Disponível em <http://larepublica.pe/impresa/sociedad/868946-mineria-ilegal-genero-mas-ganancias-que-el-narcotrafico>. Acesso em: 15 abr. 2019.

Illanes, vice-ministro de Administração Interna, nas mãos dos cooperativistas em represália a uma repressão da polícia, teve grande impacto nacional e internacional. Sem dúvida, tratava-se de uma guerra extrativista, pois o que estava em jogo, em um contexto de queda dos preços internacionais dos minerais, era o controle do excedente. Como se o feitiço tivesse virado contra o feiticeiro, o governo de Evo Morales teve de enfrentar um modelo de cooperativismo desmedido, do tipo empresarial, que ele mesmo reforçou mediante privilégios econômicos em troca de apoio político. É preciso esclarecer que muitas dessas associações nem sequer são cooperativas, e sim empresas privadas encobertas que subcontratam mão de obra em condições de superexploração, incluindo extensas jornadas de trabalho (de até dezesseis horas diárias), enquanto vendem o extraído a empresas transnacionais. Segundo o Cedib, há entre cem mil e 120 mil mineiros cooperativistas, mas uma parcela importante deles (entre 40% e 50%) é subcontratada. Assim, a realidade mostra o crescimento de um setor proprietário enriquecido graças às condições de exploração e aos altos preços dos minerais durante o superciclo das *commodities*. Depois do gás, a mineração representa hoje a segunda maior riqueza da Bolívia, atingindo 25% das exportações, que incluem estanho, zinco, prata, cobre e ouro. Com a fartura econômica, as cooperativas se multiplicaram, passando de quinhentas em 2005 a 1,6 mil em 2015.

4.3. A outra face do patriarcado: extrativismo e redes de violência

Existe uma relação histórica entre atividade petrolífera e mineradora, masculinização dos territórios e reforço do patriarcado. De fato, em um contexto de forte concentração da população masculina, a prostituição tende a se naturalizar, ou seja, a não ser vista como uma problemática social e cultural. É preciso acrescentar que, nas últimas décadas, em um contexto de globalização das redes criminosas, a prostituição e o tráfico de mulheres aumentaram. O tráfico de mulheres para a indústria sexual gera grandes lucros, em um circuito cada vez mais globalizado do crime (Sassen, 2003b), que envolve a cumplicidade e a participação — ilegal — de diferentes poderes, como o político e o judicial.

Nesse sentido, em toda a região é registrada uma estreita relação entre mineração, prostituição e aumento do tráfico de mulheres. Em países como Bolívia, Peru, Colômbia e México, a rede do tráfico de pessoas aparece sobretudo associada à mineração ilegal. Eis o cenário da região de Puno, na Bolívia, onde foram relatados milhares de casos de tráfico de mulheres e exploração sexual. Como afirma Livia Wagner, autora do relatório *Crimen organizado y minería ilegal en América Latina*, "há um forte vínculo entre a mineração ilegal e a exploração sexual. Sempre que há grandes migrações de homens para uma região, há uma grande demanda de serviços sexuais que muitas vezes gera tráfico sexual" (Miranda, 2016). Isso também acontece nas áreas mineradoras do Peru, como na região amazônica de Madre de Dios, onde há extração ilegal de ouro. No caso da Argentina, o tráfico e a prostituição seguem a rota do petróleo e da mineração, assim como da soja.

A isso é preciso acrescentar o aumento da violência estatal e paraestatal direcionada às mulheres que se opõem ao neoextrativismo. Já se apontou que a criminalização, a agressão e o assassinato de defensores do meio ambiente aumentaram notoriamente na região. Entre 2011 e 2016, organizações de direitos humanos registraram 1,7 mil agressões a mulheres ambientalistas na América do Sul e na América Central (Maldonado, 2016). A maioria das agressões se deu em contextos de desalojamento forçado, com as mulheres sendo violentadas física e sexualmente pelas forças policiais ou por grupos paramilitares (Fundo de Ação Urgente-América Latina, 2017).

Um dos crimes recentes mais impactantes foi o de Berta Cáceres, do Copinh, em Honduras. Outro caso ressonante de perseguição e intimidação é o de Máxima Acuña, no Peru, integrante da Associação de Mulheres em Defesa da Vida e da União Latino-Americana de Mulheres (Ulam), que se opõem ao megaprojeto minerador Conga.[40] Por último, cabe acrescentar o caso das militantes da Ação Ecológica, ONG equatoriana de grande reconhecimento internacional, composta quase exclusivamente de mulheres, que sofreu duas tentativas de dissolução por parte do governo de Rafael Correa (em 2009 e 2016) por seu trabalho pelos direitos da natureza e pelas comunidades que lutam contra o extrativismo.

Em resumo, onde irrompem as atividades extrativas, caracterizadas pela masculinização dos territórios e pela ganância extraordinária, se intensificam e exacerbam diferentes problemáticas sociais, já presentes na socie-dade. Assim, uma das consequências é a acentuação dos estereótipos da divisão sexual do trabalho, que agrava as desigualdades de gênero, produz o rompimento do tecido

40 Para um levantamento do processo de criminalização e assas-sinato de mulheres lutadoras, ver Oxfam (2014).

comunitário e dá força a redes de violência já existentes (Svampa, 2017). De fato, em um contexto agravado pelas características sociais, trabalhistas e espaciais do enclave, o lugar das mulheres é afetado de maneira muito negativa. Por um lado, em uma realidade de claras assimetrias salariais, o papel tradicional das mulheres (homem trabalhador/provedor, mulher dona de casa/cuidadora) é fortalecido. Do mesmo modo, em muitos países assistimos ao enfraquecimento dos papéis comunitários e ancestrais das mulheres, com as indústrias extrativas rompendo o tecido comunitário e produzindo um deslocamento de atividades e, inclusive, de populações (Fundo de Ação Urgente-América Latina, 2017). Por outro lado, o processo de exploração sexual das mulheres assume um papel central, e seu lugar como objeto sexual se cristaliza. Por fim, nesse âmbito se agravam também os atos de violência — física e sexual — contra as defensoras ambientais.

Em outros termos, a consolidação de configurações socioterritoriais, caracterizadas pela masculinização, pela desarticulação do tecido social, pela desigualdade e pela superprovisão máxima e acelerada, reforça a matriz de dominação patriarcal e agrava as redes de violência. Tudo isso revela um grave retrocesso em questões de equidade de gênero e em uma reatualização muito perigosa das piores formas do patriarcado e da geração de novas modalidades patriarcais, ligadas à escravidão sexual.

4.4. Expansão das energias extremas e novos conflitos

A ampliação da fronteira tecnológica permitiu buscar outras formas de reservas de hidrocarbonetos — os denominados não convencionais, de extração tecnicamente mais difícil, economicamente mais custosos e com maiores riscos de contaminação. Segundo a definição que propõem Tatiana Roa Avendaño, do Censat-Água Viva da Colômbia, e Hernán Scandizzo, do Observatório Petrolífero Sul da Argentina, neste livro utilizamos o conceito de *energias extremas*, mais amplo que o de hidrocarbonetos não convencionais, pois se refere "não apenas às características dos hidrocarbonetos, mas também a um contexto em que a exploração de gás, petróleo bruto e carvão envolve riscos geológicos, ambientais, trabalhistas e sociais cada vez maiores; além de um alto nível de acidentes em comparação com as explorações tradicionais ou convencionais" (Roa; Scandizzo, 2017).

Entre as energias extremas encontramos diferentes tipos: a) o *gás de folhelho*, que ocorre em reservas de xisto, rochas-mães formadas a partir de reservas de limo, argila e matéria orgânica, a uma profundidade entre mil e cinco mil metros. O folhelho é uma rocha sedimentar porosa, pouco permeável, porque seus poros são muito pequenos e não têm boa comunicação entre si; b) o *gás de areias compactas*, preso em formações geológicas mais compactas, como uma formação de arenito ou calcário; c) o *gás de mantos de carbono*, que aparece ligado ao carbono de pedra a uma profundidade entre quinhentos e dois mil metros; d) entre os não convencionais existem os que se denominam *brutos pesados* ou *areias betuminosas*, cujos custos ambientais são também muito altos e atualmente são extraídos em Alberta (Canadá) e no Cinturão do Orinoco (Venezuela); e) por último, não se pode esquecer as *reservas offshore*, no mar, cada vez mais distantes da costa, em águas profundas, que são extraídas, em alguns casos, depois de atravessar grossas camadas de sal. A profundidade, como acontece com o pré-sal no Brasil, ou a distância entre a superfície do mar e os reservatórios de petróleo podem chegar a mais de sete mil metros.

As energias extremas implicam altos custos econômicos, assim como graves impactos ambientais e sociossanitários. Para ser extraída, parte delas exige fraturamento hidráulico, ou *fracking*,[41] uma técnica experimental pela qual se extrai o petróleo bruto preso entre as rochas. Essa técnica consiste na injeção em altas pressões de água, areia e produtos químicos em formações rochosas ricas em hidrocarbonetos, a fim de aumentar a permeabilidade e, com isso, melhorar a extração.

A expansão das energias extremas está muito vinculada a decisões geopolíticas adotadas de modo unilateral pelos Estados Unidos. Até o ano 2000, o país propôs como objetivo estratégico deixar de depender da produção petrolífera dos países árabes e conseguir se abastecer energeticamente por meio da exploração de energias extremas. Para chegar a uma equação econômica viável, as companhias petrolíferas conseguiram importantes concessões, desde fortes incentivos fiscais até a extensão

41 Apesar de já serem conhecidas há muito tempo, foi só com a expansão da fronteira tecnológica, e diante da iminência do esgotamento dos hidrocarbonetos convencionais, que os chamados hidrocarbonetos não convencionais começaram a ser vistos como uma alternativa "viável", apesar do maior custo econômico, contaminação e dano ambiental, e do menor rendimento energético. Desse mesmo modo, ainda que a tecnologia do fraturamento hidráulico seja empregada na atividade petrolífera há mais de setenta anos, faz menos de duas décadas que é utilizado de maneira intensiva e em grande escala. Ver Bertinat, D'Elia, Ochandio, Svampa e Viale (2014) e Svampa e Viale (2014).

do cumprimento da normativa ambiental. Isso aconteceu na presidência de George W. Bush, em 2005, quando o Congresso aprovou a cláusula energética (Energy Politics Act, também denominada Emenda Halliburton, em virtude do *lobby* exercido por essa empresa) que eximia a indústria do gás de respeitar as leis de proteção da água potável e uma série de regulamentos de proteção do meio ambiente, e impedia o controle por parte da Agência de Proteção Ambiental (EPA) sobre a atividade. A isso se soma o fato de que as empresas nos Estados Unidos estão amparadas pela confidencialidade e até pouco tempo atrás não tinham o compromisso de detalhar quais eram as substâncias químicas utilizadas nos líquidos do fraturamento.

Tal decisão, impulsionada pelo *lobby* petrolífero e justificada em nome de razões geopolíticas, gerou uma reconfiguração da cartografia energética mundial, baseada na energia fóssil. Por causa disso, nos últimos dez anos os Estados Unidos foram assegurando sua liderança como exportador líquido de gás, e acredita-se que até o fim da década de 20300 país pode se tornar também exportador líquido de petróleo, graças à utilização de tecnologias de extração como o fraturamento. A Rússia e o Oriente Médio perderiam sua importância nessa área, assim como a China e outros países. Um relatório recente da Energy Information Administration (EIA) calcula o aumento da produção estadunidense de petróleo de xisto em oito milhões de barris entre 2010 e 2025, o que seria "o período mais longo de crescimento sustentável da produção de petróleo de um país na história dos mercados de petróleo bruto".

Em 2010, o Departamento de Estado dos Estados Unidos lançou a Iniciativa Global de Gás de Xisto (GSGI, na sigla em inglês), agora conhecido como Programa de Compromisso Técnico de Gás Não Convencional, focado no fraturamento hidráulico. Tratava-se de uma aposta pela qual Washington convidava vários países do mundo a discutir os benefícios e os riscos dessa técnica que, segundo seus defensores, mudaria o mercado energético. Em abril de 2011, a EIA publicou um relatório localizando e avaliando as principais reservas mundiais. Embora tenha começado a ser questionado, sobretudo no que diz respeito às (super) estimativas de gás apresentadas, esse estudo continua sendo utilizado como base de uma argumentação para defender as possibilidades de chegar a essas jazidas. Nele, estão apontadas as áreas com maiores reservas, com destaque para China, Estados Unidos, Argentina, México, África do Sul, Austrália, Canadá, Líbia, Argélia e Brasil. Enquanto China e Estados Unidos estão à frente no que diz respeito ao gás não convencional, com 19,3% e 13%, respectivamente, a Argentina e o México ficam em terceiro e quarto lugares, com 11,7% e 10,3% cada um.

Coube à Argentina encabeçar o fraturamento hidráulico na América Latina. Em 2012, em um contexto de crescente desabastecimento energético, as estimativas mais que promissoras quanto à existência de hidrocarbonetos não convencionais levaram o governo de Cristina Kirchner a desapropriar parcialmente a YPF, então nas mãos da espanhola Repsol. Os hidrocarbonetos não convencionais se encontram sobretudo no norte da Patagônia, na Bacia de Neuquén, que totaliza 120 mil quilômetros quadrados. Apesar da crise, não demorou muito para ter início uma febre eldoradista na Argentina, que contribuiu para minimizar qualquer debate sobre os riscos ambientais e sociossanitários do fraturamento hidráulico, como acontecia em outras latitudes. Isso foi fortalecido pela retórica nacionalista do kirchnerismo, que dizia impulsionar a passagem do paradigma das *commodities* para o dos recursos estratégicos, a partir do controle dos hidrocarbonetos e, por consequência, de uma política energética por parte do Estado.

Segundo dados da EIA, em 2015, sem considerar

Estados Unidos e Canadá, Argentina e China lideravam o desenvolvimento do gás de xisto. Assim como aconteceu com a soja, a Argentina foi se apresentando como um laboratório a céu aberto na implementação de uma das técnicas de extração de hidrocarbonetos mais controversas do mundo, amparada por um marco regulador cada vez mais propenso a investimentos estrangeiros, sobretudo a partir da assinatura do convênio entre YPF e Chevron, que foi a porta de entrada do fraturamento hidráulico em grande escala no país, a que se seguiram outros convênios de associação mista. Mas o progressismo kirchnerista não estava sozinho nessa aposta pelas energias extremas: tanto a oposição de centro como de direita endossaram sua decisão. Mais uma vez, o Consenso das *Commodities*, que projetou Neuquén como a nova Arábia Saudita, principalmente graças a Vaca Muerta (a maior formação de folhelho ou rocha de xisto da Argentina), teve a particularidade de mostrar o resistente fio negro que une — em uma mesma visão sobre o desenvolvimento — progressistas, conservadores e neoliberais.

A história, no entanto, não é linear. A partir de 2014, a queda dos preços internacionais do petróleo frearam a febre eldoradista em Vaca Muerta, o que impediu o início de um processo de reconfiguração social e territorial, com sede em Añelo, localidade ocupada por grandes operadores transnacionais, onde tudo está pronto para (retomar a) extração quando for dado o sinal de partida: ou seja, assim que o preço do petróleo aumentar e for projetado um horizonte de lucro para os investimentos esperados das grandes corporações mundiais. Nesse sentido, o governo kirchnerista começou a subsidiar a produção de petróleo, algo que continuou na gestão de Mauricio Macri, que, em janeiro de 2017, reviveu Vaca Muerta em sua versão eldoradista neoliberal ao assinar acordos que garantiam a flexibilização trabalhista e impunham o custo da acumulação ao setor mais fraco da cadeia, ou seja, os trabalhadores.

É preciso destacar que a região de Vaca Muerta está longe de ser um território vazio, como dizem as autoridades provinciais e nacionais. Ali se assentam, de modo disperso, cerca de vinte comunidades indígenas. Tampouco é o único território onde é feito o fraturamento hidráulico na Argentina; ele ocorre também na região do alto vale do rio Negro, em Allen, onde a exploração de gás de areias compactas avança entre plantações de peras e maçãs, ameaçando expulsar esse tipo de economia.

Em 2014, em razão dos protestos realizados pela Confederação Mapuche, o governo de Neuquén teve de reconhecer a comunidade de Campo Maripe, assentada na região desde 1927. O território em disputa, segundo o Observatório Petróleo Sul, tem dez mil hectares, mas o governo só aceita novecentos como parte da comunidade. Nessa extensão é impossível realizar as atividades de pastoreio extensivo e agricultura, das quais vivem as 120 pessoas que fazem parte dela. Esse é um exemplo, mas são muitos mais os territórios em disputa, hoje recuperados por comunidades mapuche que alertam sobre uma cartografia estendida do conflito diante do avanço das diferentes modalidades do neoextrativismo e da grilagem de terras.

Com argumentos similares aos da Argentina, a partir de 2013, no México, o governo de Enrique Peña Nieto propiciou a reforma energética, o que abriu a porta para assinar contratos com investimentos privados, ao mesmo tempo que colocou na agenda a questão da exploração de energias extremas em reservas de xisto e de areias compactas, com o objetivo de enfrentar a queda da produção de petróleo e as crescentes importações de gás natural. São várias as províncias comprometidas nesse processo, incluindo Tampicas, Burgos, Veracruz, Burro e Chihuahua. Além disso, há evidências de que o fraturamento hidráulico já foi utilizado em 2010 em reservas de xisto, pela companhia estatal Petróleos Mexicanos (Pemex). Hoje, o *fracking* conta com pelo menos 1,5 mil poços ativos, mas dados mais recentes disponibilizados pela associação CartoCrítica revelam a existência de cinco mil.

Na Colômbia, em meados de 2017, o Ministério do Ambiente preparava uma norma que permitiria iniciar a exploração *offshore* no país. Entretanto, o governo não conta com uma posição unânime com relação ao fraturamento hidráulico. Enquanto o Ministério do Ambiente propunha a extensão dos estudos sobre os impactos nos próximos cinco anos, o Ministério da Energia avalizava sua aplicação imediata. A Aliança Colombiana Contra o Fracking defende que, ao avançar na linha que impulsiona a expansão da fronteira petrolífera, o *fracking* poderia colocar em risco vários ecossistemas estratégicos, como o Páramo de Sumapaz, celeiro agrícola da capital e reconhecido como o maior do mundo, e o Páramo de Chingaza, cujo sistema fornece cerca de 80% da água potável de Bogotá, além de outros ecossistemas.

Enquanto isso, no Brasil, na esteira da reforma energética realizada entre 2016 e 2017, o governo de Michel Temer impulsionou os investimentos em exploração e produção de hidrocarbonetos. Como em outros países, essa reforma abriu a possibilidade de a Petrobras fazer parte de todos os consórcios petrolíferos relacionados à exploração do pré-sal, ou seja, do petróleo em águas profundas. Essa mudança contrariou as reformas de 2010, que obrigavam a companhia estatal a adquirir pelo menos 30% dos campos de hidrocarbonetos nessa região petrolífera (Pulso Energético, 2017). Em 2017, Fernando Coelho Filho, o ministro de Minas e Energia, destacava que o Brasil voltaria a viver a "euforia" do pré-sal nos anos seguintes, similar à observada na administração do ex-presidente Lula, com o descobrimento de grandes reservas *offshore*.

O avanço do *fracking* provocou reações de comunidades locais em todo o continente. Assembleias cidadãs, comunidades indígenas e camponesas, ONGS ambientalistas, redes de intelectuais e acadêmicos e alguns sindicatos estão na base dessas resistências. Na Argentina, a partir de 2012, foram criadas inúmeras assembleias e redes cidadãs que impulsionaram a moratória e/ou proibição da exploração de hidrocarbonetos não convencionais mediante o fraturamento hidráulico. No fim de 2017, havia cerca de cinquenta localidades que contavam com ordens proibindo o *fracking*. No Brasil, em 2016, 72 cidades proibiam o fraturamento hidráulico, ainda que outros dados apontem a existência de duzentos municípios livres de *fracking* e vários estados que consideram sua proibição total. Não são poucos os ativistas brasileiros que vão para a Argentina para observar *in situ* os prejuízos que esse tipo de energia extrema produz, sobretudo no alto vale do rio Negro. Em nível regional, foi criada a Aliança Latino-Americana Contra o Fracking, uma rede de organizações que busca promover o debate, analisando o contexto energético de cada país, as políticas públicas implementadas para promover e regular o fraturamento hidráulico, os impactos sociossanitários, ambientais e econômicos ocasionados por essa técnica na população e os impactos como modelo de ocupação territorial, assim como as estratégias de incidência, mobilização e resistência empregadas em cada país.

Até agora, o único país na região que aprovou uma moratória com relação ao *fracking* por quatro anos foi o Uruguai. Em agosto de 2017, diferentes agrupamentos ambientalistas do Uruguai, da Argentina e do Brasil marcharam para o noroeste uruguaio para se manifestar contra a exploração de hidrocarbonetos mediante fraturamento hidráulico, tendo como bandeira a proteção do aquífero Guarani, uma das maiores reservas de água doce do planeta. Por fim, o projeto de moratória foi convertido em lei em dezembro de 2017.

4.5. Ampliação da geografia da extração

Diante da pressão pela ampliação da fronteira das *commodities*, em especial por meio da expansão das energias extremas, cabe perguntar se hoje o neoextrativismo não é uma categoria aplicável também ao Norte global. Sem dúvida, o aprofundamento do neoextrativismo e o surgimento de suas formas extremas afetam principalmente os países do Sul, reconfigurando territórios, gerando novas formas de dominação e promovendo a geografia do esbulho, em um contexto cada vez mais marcado pela judicialização e repressão estatal e paraestatal, bem como pela violência patriarcal. Entretanto, a pressão para expandir a fronteira energética certamente não se restringe aos países do Sul e permite detectar o avanço de uma dinâmica territorial extrativista no Norte global. O exemplo eloquente é a vertiginosa expansão da fronteira petrolífera e energética, mediante a exploração de petróleo e gás não convencional. A aposta pelo *fracking* implica o aprofundamento da matriz energética atual, baseada nos combustíveis fósseis e, como consequência, em um forte retrocesso em termos de cenários alternativos ou de transição no sentido de energias limpas e renováveis.

Já foi dito que a via do fraturamento hidráulico foi escolhida pelos Estados Unidos em nome do autoabastecimento e da soberania em hidrocarbonetos. A história de seu desenvolvimento, a partir de 2000, a série de extensões ambientais e econômicas necessárias e o papel crucial do poderoso *lobby* petrolífero figuram entre as páginas mais sórdidas da política estadunidense recente. Em consequência, a partir de 2000, o *fracking* foi transformando a realidade energética dos Estados Unidos, outorgando ao país maior autonomia com relação às importações, mas também convertendo-o em território no qual podem ser comprovados os verdadeiros impactos: contaminação de aquíferos, danos à saúde das pessoas e dos animais, terremotos, maiores emissões de gás metano, entre outros.

O caráter controverso do *fracking* aparece ilustrado por uma profusa e móvel cartografia global do conflito, que teve início no coração do Norte imperial, tal como refletido na proibição no estado de Vermont e na moratória em estados como Nova York e Califórnia. No Quebec, Canadá, as lutas levaram à sua proibição, enquanto na Columbia Britânica hoje se desenrolam resistências indígenas-urbanas, em razão do oleoduto de 1,1 mil quilômetros que transforma o betume a partir da região de Alberta, que atravessa território comunitário. Em Alberta, tendo como epicentro a localidade de Fort McMurray, o novo Eldorado, os acidentes e danos produzidos pelo *fracking* são incalculáveis e abrem uma paisagem desértica e desolada que abarca mais de noventa mil metros quadrados de terra e água contaminadas pela extração de areias betuminosas, o combustível fóssil mais sujo de todas as energias extremas. Desde 2000, a exploração dessa região de fronteira envolve corporações globais como Chevron, Exxon, Total, Petrochina e outras.

Na Europa, assim como aconteceu em outras latitudes, os relatórios da agência norte-americana de energia tenderam a alimentar as expectativas de um novo Eldorado, e não foram poucos os países que caíram nesse discurso sedutor. Talvez o caso mais dramático seja o da Polônia, onde as empresas estadunidenses fincaram pé a partir de 2011. Uma das principais lobistas foi Hillary Clinton, então funcionária do governo de Barack Obama. Depois que o governo norte-americano concluiu que as reservas de gás de xisto na Polônia seriam suficientes para abastecer o país em termos de energia por três séculos, em quatro anos a realidade se mostrou outra: o custo de extração e a falta de acesso às reservas fizeram com que as concessões fossem caindo, e as empresas petrolíferas, incluindo a Chevron, começaram a abandonar o país.

A França foi a primeira nação a proibir o fraturamento hidráulico, em 2011, em uma luta que reuniu resistências de diferentes e pequenas localidades nos Pireneus e que contou com o acompanhamento de José Bové, uma referência emblemática do movimento antiglobalização. A ela se seguiu a Bulgária, em 2012, enquanto outros países lançaram moratórias, como a Alemanha, uma das nações envolvidas de modo mais decisivo na transição para energias renováveis. Isso também aconteceu no País de Gales, na Irlanda e na Escócia. Neste último, foi realizada uma consulta em outubro de 2017, que mostrou que 99% dos votantes era contra o *fracking* "por motivos ambientais e falta de benefícios econômicos". Na Espanha, a disputa entre governo e resistências sociais continua sendo muito intensa, e a divisão chegou inclusive ao conservador Partido Popular. Em várias comunidades, como a Cantábria ou o País Basco, os parlamentares do partido popular apoiaram leis *antifracking* autônomas. Até 2016, ante uma iniciativa impulsionada por vários partidos para proibir o *fracking*, várias empresas petrolíferas interessadas em explorar hidrocarbonetos não convencionais na Espanha optaram por se retirar.

Um país onde um cenário muito conflituoso se apresenta é a Inglaterra. De acordo com o Serviço Geológico Britânico, a Grã-Bretanha está assentada sobre reservas de gás de xisto que poderiam abastecer o país por 25 anos. Embora as primeiras perfurações de gás e petróleo de xisto tenham ocorrido em 2011, elas foram relacionadas a movimentos sísmicos em Blackpool, o que levou a uma primeira moratória nacional. Entretanto, a moratória foi retirada tempos depois pelo governo de David Cameron, que prometeu vantagens fiscais aos municípios que aceitassem o fraturamento hidráulico e propôs o avanço inclusive por áreas naturais protegidas. Nessa mesma linha, ainda que com um perfil menos agressivo, a posição do governo britânico não está longe da negação de Donald Trump. Por exemplo, a primeira-ministra Theresa May decidiu impulsionar o *fracking* e a energia nuclear, ao mesmo tempo que extinguiu o que até então era o Departamento de Energia e Mudança Climática.

Assim, a mudança nas regras do jogo por parte dos Estados Unidos em sua busca por independência energética reconfigurou o tabuleiro global impulsionando uma espécie de aprofundamento do modelo energético fóssil. Tanto que, de início, nem a União Europeia pôde se afastar do canto da sereia do *fracking*, e muitos não duvidaram antes de impor o sacrifício a seus territórios, atrás da promessa de independência energética. Entretanto, em muitos desses países, os diferentes governos e o *lobby* petrolífero se depararam com resistências sociais inesperadas, que os obrigaram a reconsiderar a relação custo-benefício, não apenas em termos econômicos, mas também políticos e sociais.

Em suma, enquanto no Sul se ampliam as resistências sociais, segundo a geografia da extração, no Norte surgem novas disputas em torno dos bens naturais, que em alguns casos dão conta do crescente protagonismo dos povos indígenas — como no Canadá e nos Estados Unidos —, e em outros mostram a capacidade de reação de pequenas comunidades locais, como na Inglaterra e na França. Em consequência, o neoextrativismo energético não é exclusivo dos países periféricos, ainda que tenha uma dimensão inegavelmente colonial, como mostra de modo paradigmático o caso da América Latina. A reconfiguração da geografia neocolonial clássica nos obriga a tornar mais complexas as relações entre Norte e Sul, ante uma política que impulsiona a expansão das energias extremas. Isso não significa que as assimetrias entre países centrais e periféricos, Norte e Sul, não tenham se amplificado, mas que a nova configuração geopolítica nos leva a repensar a problemática na chave civilizatória, enquanto aumenta a possibilidade de criar outras pontes e laços de solidariedade em escala global no âmbito da nova cartografia das resistências.

5. Fim de ciclo e novas dependências

O presente capítulo indaga sobre o contexto geopolítico, a partir da ascensão mundial da China e da multiplicação de mudanças comerciais com a América Latina. Explora por isso as formas que assume a nova dependência com relação à China, à luz de uma integração latino-americana truncada ou, mais ainda, do fracasso do regionalismo autônomo, proposto pelos governos progressistas. Nesse sentido, nos dois últimos blocos é proposta uma reflexão sobre os limites do ciclo progressista.

5.1. China e uma nova dependência

Nos últimos anos, as trocas entre América Latina e China se intensificaram notoriamente. Até o ano 2000, a China não ocupava um lugar privilegiado como destino de exportações ou origem de importações em relação aos países da região. Entretanto, em 2013 ela já tinha se convertido na primeira origem das importações de Brasil, Paraguai e Uruguai; na segunda de Argentina, Chile, Colômbia, Costa Rica, Equador, Honduras, México, Panamá, Peru e Venezuela; e na terceira, para Bolívia, Nicarágua, El Salvador e Guatemala. Dessa maneira, a China foi substituindo Estados Unidos, Japão e União Europeia como principal sócia comercial da região.

No caso das exportações, a China é o primeiro destino de Brasil e Chile, e o segundo de Argentina, Colômbia, Peru, Uruguai e Venezuela (Svampa & Slipak, 2016). Essa troca, no entanto, é assimétrica. Enquanto 84% das exportações dos países latino-americanos para a China são *commodities*, 63,4% das exportações chinesas para a região são manufaturas. Para mencionar alguns casos: a Argentina exporta basicamente oleaginosas e azeites vegetais; o Chile, cobre; o Brasil, soja e minério de ferro; a Venezuela e o Equador, petróleo; o Peru, ferro e outros minerais (Svampa & Slipak, 2016). Mesmo a relação da China com um país como o Brasil ocorre por uma via assimétrica, e foi lida — como já apontado — em termos de "desindustrialização prematura", devido à incapacidade dos governos de anular os efeitos da "doença holandesa", ou seja, a exportação de matérias-primas ligadas à exploração dos recursos naturais (Salama, 2011).

No âmbito comercial, a China assinou três Tratados de Livre-Comércio (TLC) com países da região: Chile (2005), Peru (2008) e Costa Rica (2011). Passados quase dez anos da assinatura do TLC entre Chile e China, as exportações do país latino-americano para o asiático praticamente quadruplicaram, mas sua composição mostra o aprofundamento da tendência à concentração em produtos primários — cobre e seus derivados, minério de ferro, madeira, frutas e outros minerais (Svampa & Slipak, 2016).

De qualquer modo, a presença de capital de origem chinesa é cada vez mais importante na região. Alguns exemplos podem ser úteis para ilustrar isso. No setor de hidrocarbonetos, aparecem quatro grandes empresas de origem chinesa: Sinopec, Corporação Nacional de Petróleo da China (CNPC), China National Offshore Oil Company (Cnooc) e Sinochem. Essas quatro companhias já participavam de cerca de quinze projetos de extração, localizados no Peru, na Venezuela, no Equador, na Colômbia, no Brasil e na Argentina.

Quanto a minerais e metais, o principal destino dos investimentos chineses sempre foi o Peru, seguido pelo Brasil e, mais recentemente, pelo Equador. As empresas mais dinâmicas são Minmetals e Chinalco. Em 2014, a Minmetals comprou da Glencore-Xstrata a mina peruana de Las Balbas — um dos maiores projetos de cobre do mundo. No Equador, o governo de Rafael Correa concedeu à empresa EcuaCorriente (ECSA) — cujos acionistas são as companhias públicas chinesas Tongling Nonferrous Metals Group Holdings e China Railway Construction Corporation Limited — a exploração dos projetos San Carlos Panantza e Mirador. Com essas concessões, as estatais chinesas controlariam mais da metade da produção de cobre e pelo menos um terço da produção de ouro e prata do Equador (Chicaiza, 2014). De acordo com a Ação Ecológica, em 2012 empresas chinesas ligadas ao projeto minerador Mirador foram denunciados por não cumprimento da legislação trabalhista, maus-tratos, salários injustos e acidentes pela comunidade shuar. Em 2016, novos conflitos ocorreram quando indígenas shuar tomaram um acampamento mineiro na região da Amazônia. A chegada da empresa chinesa ocorreu sem consulta prévia e com a militarização dos territórios.[42] Por outro lado, não podemos deixar de destacar que a empresa chinesa Shandong Gold adquiriu 50% do projeto Veladero para a exploração de ouro na província de San Juan, na Argentina, responsável por consideráveis derramamentos de cianeto (2015 e 2016), anteriores à sua associação com a empresa canadense Barrick Gold.

Outro tema que ganha relevância são os empréstimos. Estudos recentes mostram que a maioria dos empréstimos chineses na região foi para infraestrutura (55%), energia (27%) e mineração (13%). O principal emprestador é o Banco do Desenvolvimento Chinês, que concedeu cerca de 71% dos empréstimos para essa área, enquanto o principal beneficiário é a Venezuela, com pouco mais da metade dos fundos destinados a financiar treze projetos. Também se destacam como beneficiários o Brasil e a Argentina, que receberam, cada um, cerca de 14% dos empréstimos feitos na região. Os empréstimos chineses para Equador e Venezuela ocupam o lugar dos mercados de dívida pública, e a garantia é o petróleo ou alguma matéria-prima (empréstimos condicionados a *commodities*), o que inclui uma política de investimento com a participação das empresas chinesas.

Por outro lado, cabe perguntar sobre o destino dos investimentos provenientes da China. Nesse sentido, estudos afirmam que vão principalmente para atividades extrativas

---

42 Em dezembro de 2016, diante de reclamações da comunidade shuar, os níveis do conflito aumentaram de tal maneira que houve um morto e vários feridos. A resposta do então presidente Correa foi declarar estado de exceção, acusar os indígenas de serem "grupos paramilitares e semidelinquentes" e anunciar a dissolução da Ação Ecológica, como já dissemos.

(mineração, petróleo, agronegócios, megarrepresas), o que reforça o efeito reprimarizador que as economias vivem sob o Consenso das *Commodities*. Em alguns casos, eles vão para o setor terciário, dando apoio às atividades extrativas. Isso implica inclusive uma ameaça a aglomerados compostos por empresas pequenas e médias, seja pela contaminação ambiental ou pela possibilidade de exportar direto para a China produtos que antes eram transformados por pequenas ou médias companhias locais.

Com o início do Consenso das *Commodities* e no calor da ascensão dos governos progressistas, não foram poucos os analistas e políticos que viram com bons olhos a incipiente relação entre os países latino-americanos e a China, argumentando que ela oferecia a possibilidade de ampliar as margens de autonomia da região, em relação à hegemonia estadunidense. Foi o próprio ex-presidente venezuelano Hugo Chávez que liderou esse tipo de posicionamento, levando a cabo uma política de notória aproximação com a China. Apoiado na riqueza petrolífera, Chávez viu na China um aliado comercial e político idôneo para se distanciar dos Estados Unidos. Nesse âmbito, em um cenário de passagem acelerada de um mundo bipolar para um multipolar, a relação com a China ganhava um sentido político estratégico, nos equilíbrios geopolíticos da região latino-americana. Para os mais otimistas, a nova vinculação comercial abria a possibilidade de uma colaboração Sul-Sul entre países "em desenvolvimento". No entanto, para além do rótulo de "país emergente" e da dificuldade de aceitar a autodefinição da China como "país em desenvolvimento", é claro que a ascensão mundial meteórica do país asiático, bem como a *realpolitik* das relações comerciais com os países latino-americanos, está longe de ilustrar a hipótese de uma relação simétrica Sul-Sul.

Com o avanço do ciclo progressista, o rumo adotado pelas relações entre a China e os diferentes países latino--americanos atenuou a tese da cooperação Sul-Sul. De todo modo, a hipótese do regionalismo desafiante foi relativizada em virtude da passagem para uma Unasul de "baixa intensidade" (Comini & Frenkel, 2014), marcada pelo fim das grandes lideranças regionais (a morte de Chávez e de Néstor Kirchner, e o afastamento de Lula, três líderes que apostaram na integração regional).

Uma segunda questão leva a avaliar qual foi o alcance do regionalismo latino-americano. É preciso lembrar que um dos marcos mais importantes desse novo regionalismo foi a Cúpula das Américas realizada em Mar del Plata, na Argentina, em 2005, quando os países latino-americanos enterraram a possibilidade de haver uma Área de Livre-Comércio das Américas (Alca), promovida pelos Estados Unidos, e alguns deles criaram a Alternativa Bolivariana para as Américas (Alba) sob influência do carismático Hugo Chávez. Em uma clara linha latino-americanista, foram traçados projetos ambiciosos, como o da criação de uma moeda única (Sucre) e do Banco do Sul, mas nenhum deles prosperou, em parte devido ao pouco entusiasmo do Brasil, país que, em virtude de seu papel de potência emergente, participa de outras ligas mundiais. A criação da Unasul, em 2007, e posteriormente da Comunidade dos Estados Latino-Americanos e Caribenhos (Celac), em 2010, de início como fórum para processar os conflitos na região, à revelia de Washington, marcou o processo de integração regional. Entretanto, tudo isso passou longe de evitar que, mais tarde, os Estados Unidos assinassem um TLC de forma bilateral com vários países latino-americanos, e que em 2011 fosse criado um novo bloco regional, a Aliança do Pacífico, com a participação de Chile, Colômbia, Peru e México.

Tanto a tese de um novo regionalismo desafiante como a de uma cooperação Sul-Sul com a China parecem ter mais a ver com uma espécie de desejo otimista do que com as práticas econômicas e comerciais de fato existentes nos diferentes governos progressistas latino-americanos. Com efeito, a assinatura de convenções ou acordo unilaterais com o gigante asiático por parte dos governos latino-americanos (muitos dos quais comprometem suas economias por décadas) está longe de ser a exceção. Pelo contrário: trata-se de uma regra bastante generalizada nos últimos tempos, o que, em vez de fortalecer a integração latino-americana, promove a competição entre os países como exportadores de *commodities*.

Em consequência, ainda que o surgimento e a rápida consolidação da influência da China na América Latina tenha sido vista como uma oportunidade de obter maior autonomia em relação aos Estados Unidos, o projetado — o latino-americanismo retórico, as negociações unilaterais com a China, a concorrência de fato entre os países da região, o aumento das exportações de matérias-primas — na prática acabou consolidando as assimetrias, configurando como tendência o aprofundamento de um extrativismo neodependentista. Assim, o mais notório não é a vinculação da região latino-americana — inevitável e necessária — com a China, mas o modo como o país opera através da demanda de *commodities* e do intercâmbio desigual. Na verdade, essa relação foi se traduzindo na promoção do extrativismo e da reprimarização das economias latino-americanas, em um contexto de declive do regionalismo latino--americano desafiante.

5.2. O fim do ciclo progressista como língua franca

A ascensão de diferentes governos progressistas gerou grandes expectativas políticas na cidadania. No calor do Consenso das *Commodities*, o progressismo foi se constituindo como uma espécie de língua franca, ou seja, um quadro coletivo capaz de unificar as diferentes experiências políticas por meio de uma linguagem comum, ordenando ou hierarquizando e estabelecendo um tipo de gradação que ia desde as mais radicais do ponto de vista político (o eixo bolivariano ilustrado por Venezuela, Bolívia e Equador) até aquelas mais moderadas (Brasil, Argentina, Uruguai). Os elementos modulares que caracterizaram essa língua franca foram o questionamento do neoliberalismo, as políticas econômicas heterodoxas, a expansão do gasto social, a ampliação do consumo e, por último, a aspiração à construção de um espaço latino-americano a partir de onde se pudesse pensar o horizonte da integração regional. Sem dúvida, a consolidação de uma hegemonia política progressista, associada a esses elementos modulares, esteve ligada ao auge dos preços internacionais das matérias-primas, o que em termos não apenas econômicos, mas também políticos e sociais, se caracteriza aqui como Consenso das *Commodities*.

Ao longo do ciclo progressista (2000-2015), houve quem tendesse a identificar de maneira mais ou menos automática progressismos e esquerdas. Entretanto, em nível nacional e regional, aquilo que se entendia por progressismo seria objeto de ásperos debates e interpretações, sobretudo acerca de questões ligadas à concepção de mudança social, ao vínculo com os movimentos sociais e à expansão do neoextrativismo, entre outras coisas. Tais disputas revelaram a tensão crescente entre diferentes narrativas políticas descolonizadoras, em especial entre a narrativa nacional-desenvolvimentista e a indianista, que tiveram um grande protagonismo na mudança de época a partir do ano 2000, isto é, no questionamento da hegemonia neoliberal e na abertura de um novo cenário político. Enquanto, de um lado, a narrativa desenvolvimentista, atualizada na chave do neoextrativismo, foi se articulando com outras dimensões, próprias da tradição populista tão profundamente arraigada na América Latina, de outro, ao ritmo das lutas contra o neoextrativismo, a narrativa indigenista foi se articulando com o discurso ambiental e autonômico, inclusive em direção ao fim do ciclo, com os feminismos populares, originando o que temos chamado de *giro ecoterritorial das lutas*.

Entretanto, é importante levar em conta as gradações e nuances próprias de cada contexto nacional. Em alguns países, apesar da consolidação do neoextrativismo como estratégia de desenvolvimento e da explosão de conflitos socioambientais, a acentuação da disputa entre narrativas diferentes não se expressou com grande intensidade nem teve a mesma visibilidade pública. Assim, no Brasil e no Chile, a narrativa ecologista, na chave comunitária, aparece associada a um conjunto de vozes baixas e dispersas, encapsuladas localmente, que ocupam a periferia da periferia (grupos indígenas, camponeses, assembleias de pequenas e médias localidades); já na Bolívia e no Equador tais narrativas, por conta do protagonismo indígena e de organizações ambientalistas, ganharam grande notoriedade e relevância na agenda pública. É certo que sua associação com conceitos-horizonte, contidos nas novas constituições políticas, tais como bem viver, plurinacionalidade e direitos da natureza, outorgava a essas organizações uma legitimidade de origem, que pouco a pouco seria questionada pelos populismos ascendentes.

Desse modo, até dentro do espaço de contestação esse processo de confronto entre as diferentes narrativas políticas foi aguçado ao longo do ciclo progressista, não só ao ritmo das lutas contra o neoextrativismo e da criminalização crescente das lutas socioambientais, mas também em virtude das insuficiências e limitações políticas e socioeconômicas dos progressismos latino-americanos. Assim, a profusa linguagem de direitos, a redução da pobreza e as políticas de inclusão social, o aumento do salário e do consumo, durante a época de vacas gordas do Consenso das *Commodities*, coexistiram com uma estratégia de submissão e perda de autonomia de organizações e movimentos sociais, com uma dinâmica crescente de personalização do poder político, com a persistência das desigualdades e o compromisso cada vez mais visível com os setores extrativos — com notória influência do capital transnacional —, e com as transformações no mundo rural, por meio de um processo acelerado de grilagem.

À medida que uma das narrativas de contestação — a populista-desenvolvimentista — foi se impondo como dominante e tendencialmente excludente, absorvendo e refuncionalizando certos elementos de outras matrizes (a esquerda classista e autonomista), expulsando aqueles mais incômodos ou difíceis de incorporar (associados à ecologista e comunitarista), a discussão acerca do que se considerava esquerda foi se aguçando no espaço de contestação latino-americano. Até o fim do ciclo (2015-2016), processos políticos e dinâmicas sociais recursivas pautados pela dissociação entre progressismos e esquerdas foram se tornando mais eloquentes. Em alguns casos — como no do Partido dos Trabalhadores (PT), no Brasil — seria possível falar, como aponta Modonesi, em uma "mutação genética" (transformismos); em outros, vê-se uma evolução rumo a modelos de dominação mais tradicional, ancorados em determinada tradição política, como populismos de alta intensidade (Svampa, 2016); por fim, em ambos seria o caso de uma "modernização conservadora" (Schavelzon, 2016; Singer, 2012; entre outros).

Até mesmo a aposta por institucionalizar um espaço latino-americano poderoso e desafiador saiu truncada. Vista à distância, uma década mais tarde, a cúpula de Mar del Plata de 2005 contra a Alca terminou sendo o ápice do regionalismo desafiador latino-americano, quando deveria ter sido o ponto de partida para uma nova construção latino-americanista, em uma chave de fato integradora, orientada para a criação de uma plataforma de alcance regional e com capacidade de negociação com os novos e poderosos sócios comerciais, incluindo a China.

Por outro lado, os progressismos (populistas ou transformistas) acentuaram a luta ideológica contra diferentes grupos de poder, sobretudo grandes meios de comunicação. Nesse sentido, historicamente, os populismos latino-americanos do século xx estiveram associados à figura do pacto social, ainda que fosse realizado por meio da agitação de uma linguagem de guerra. Os progressismos do século xxi instalaram um esquema similar, ou seja, por um lado questionaram o neoliberalismo, mas, por outro, levaram a cabo o pacto com os grandes capitais. Apesar disso — ou por causa disso —, logo se viram imersos em um grande confronto político-ideológico com setores da direita, articulados com a grande mídia.

Assim, ainda que de modo diverso e com temporalidades diferentes de acordo com os casos, a acentuação da polarização foi simplificando a disputa eleitoral, dividindo o campo político entre dois blocos antagônicos: de um lado, as forças progressistas, que se arrogavam a representação da vontade popular; do outro, os diferentes partidos ou coalizões de direita ascendentes, sob a suposta defesa da república. Essa simplificação do espaço político levou, do lado dos progressismos, à exacerbação das hipóteses conspiratórias: ao final, tudo era culpa do império, da direita onipresente ou dos grandes meios de comunicação; mais ainda, desse ponto de vista, toda crítica aos progressismos (feita pela esquerda ecologista, comunitarista ou classista) acabava sendo "funcional" à lógica dos setores mais concentrados. Do lado dos setores da direita, essa oposição se traduziu na demonização das diferentes experiências progressistas, que, de meados para o fim de ciclo, começaram a ser caracterizadas como "populismos irresponsáveis", culpados de ter desperdiçado a época de fartura econômica associada ao *boom* das *commodities*, e reduzidos a uma matriz de pura corrupção. Para isso, os setores da direita também contaram com seus intelectuais, seus discursos salvíficos e o apoio e/ou a promoção da grande mídia.

A superação política dos progressismos — que, em determinado ponto, procuraram instalar a ideia de que só eles encarnam ou podem encarnar a vontade popular —, promovida pela crescente crise econômica e pelos escândalos de corrupção, acabou configurando cenários cada vez mais caracterizados pela divisão e pelo confronto, nos quais a mera possibilidade de alternância eleitoral foi vivida com uma profunda dramaticidade. Assim ocorre há anos na Venezuela, onde a situação de crise é generalizada, mas o governo de Maduro, contra todos os prognósticos, parece se consolidar depois de sua reeleição em maio de 2018. Foi o caso da Argentina, em 2015, quando a direita finalmente ganhou, fato que se estabeleceu dois anos depois nas eleições da metade do mandato; também ocorreu no Equador, em 2017, onde Lenín Moreno venceu com dificuldade o candidato de direita e rapidamente se distanciou e rompeu laços com seu antecessor, Rafael Correa. A divisão e a polarização foram vividas inclusive na Bolívia de Evo Morales, um dos presidentes mais bem-sucedidos do período, associada — entre outras coisas — à sua insistência em não reconhecer o referendo de fevereiro de 2016, que o impedia de se apresentar como candidato pela quarta vez consecutiva, e a subsequente manipulação da justiça, que acabou autorizando que ele concorresse.[43]

Apesar das reações, nem tudo é teoria da conspiração. Os processos de polarização política permitiram o caminho mais espúrio de golpe parlamentar, como ilustrado pela retirada antecipada de Zelaya, em 2009, em Honduras, pela rápida destituição de Fernando Lugo no Paraguai (2012) e pelo *impeachment* da presidenta Dilma Rousseff (2016), logo agravado pela prisão do ex-presidente Lula (2018), o que acelerou o retorno a um cenário abertamente conservador nesses países.

[43] Em outubro de 2019, Mauricio Macri foi derrotado nas eleições presidenciais argentinas pela chapa formada por Alberto Fernández e Cristina Kirchner, marcando a volta do peronismo à Casa Rosada depois de quatro anos de governo abertamente neoliberal e conservador, com pífios resultados econômicos e sociais. Também em outubro de 2019, Evo Morales foi reeleito para mais um mandato à frente do governo boliviano. No mesmo mês, os governos dos presidentes Lenín Moreno, no Equador, e Sebastián Piñera, no Chile, enfrentaram fortes protestos populares contra reajustes de preços, fim de subsídios e outras medidas econômicas que prejudicam a população. [N.E.]

5.3. Limites do progressismo existente

A construção da hegemonia progressista esteve associada ao crescimento das economias e à redução da pobreza. Em 2012, um relatório da Cepal indicou a queda da pobreza no mundo (de 44% para 31,4%) entre 2001 e 2011, assim como a diminuição da pobreza extrema (de 19,4% para 12,3%). Isso se deveu não só ao aumento de salários, mas também à expansão de uma política de bônus ou planos sociais (programas de transferência condicionada).

Na mesma linha da redução da pobreza, os primeiros trabalhos baseados no coeficiente de Gini apontavam uma redução da desigualdade entre 2002 e 2010 que incluía diferentes países latino-americanos. Entretanto, há alguns anos, vários autores começaram a contestar isso, afirmando que os dados disponíveis só mediam períodos curtos e não permitiam um olhar para o longo prazo. Por outro lado, a queda da desigualdade estava ligada a um aumento nos salários, e não a uma reforma do sistema tributário, que se tornou mais complexo, nebuloso e, acima de tudo, regressivo (Salama, 2015).

Outros argumentos introduzem a distinção entre desigualdade estrutural e conjuntural. Enquanto, nos anos 1990, a pobreza e a desigualdade aumentaram na região, na primeira década dos anos 2000 ambas se reduziram em todo o continente, o que permite concluir que estaríamos diante de um comportamento independente da inclinação ideológica dos governos, e supor que se trata de uma tendência causada por fatores econômicos estruturais, ligados à inserção da região no sistema mundial (Machado & Zibechi, 2016). A isso é preciso acrescentar que tampouco houve reforma tributária, e que os interesses econômicos das elites foram resguardados. O sistema tributário continua sendo regressivo; em 2013, o imposto sobre os setores mais ricos chegou a 3,5% da arrecadação fiscal, enquanto o imposto sobre valor agregado (IVA) subiu um terço, alcançando 36%, e em não poucos países se converteu na principal fonte de arrecadação fiscal (Burchardt, 2016, p. 69).

Estudos mais recentes afirmam que a redução da pobreza registrada na América Latina não se traduziu em uma diminuição das desigualdades. Pesquisas inspiradas nos estudos de Thomas Piketty, concentradas nos setores dos super-ricos, que consideram as declarações fiscais das camadas mais ricas da população, mostram que, em países como Argentina, Chile e Colômbia, 1% da população detém entre 25% e 30% da riqueza (Kessler, 2016, p. 26). Outras pesquisas, realizadas no Brasil, um dos países mais desiguais da região, questionaram a diminuição da desigualdade entre 2006 e 2012. Os trabalhos do Instituto de Pesquisa Econômica Aplicada (Ipea) mostram um aumento da desigualdade, já que em 2012 o 1% mais rico detinha 24,4% da renda do país, sendo que em 2006 essa porcentagem era de 22,8%. Entre os 10% mais ricos, a renda passou de 51,1% a 53,8% no mesmo período (Zibechi, 2015). Assim, ainda que a pobreza extrema no Brasil tenha se reduzido, e o consumo, se expandido, as desigualdades persistem e inclusive aumentam ligeiramente.

Em suma, os progressismos fizeram pactos de governabilidade com o grande capital (extrativo e, em alguns casos, financeiro), independentemente dos confrontos entre os setores, sobretudo com os grandes meios de comunicação, que marcaram a agenda política e midiática. Ao mesmo tempo, só realizaram reformas tímidas no sistema tributário, quando o fizeram, aproveitando o contexto de lucro extraordinário. Como aponta Stefan Peters, o neoextrativismo constituiu uma condição para uma consolidação bem-sucedida dos governos progressistas ao mesmo tempo que foi um dos maiores obstáculos para a realização de reformas profundas e estruturais na região (Peters, 2016, p. 22).

O encerramento do ciclo progressista não implica o fim dos governos progressistas existentes. Uruguai e Bolívia se mantêm nessa linha. Resta saber o que acontecerá com o México, onde venceu Andrés Manuel López Obrador. O fato é que assistimos ao fim do progressismo como língua franca, para além dos continuísmos governamentais e inclusive das mutações que pudessem ser observadas. Esse cenário de queda escancara a crua realidade: dentro das esquerdas, o panorama é muito crítico. O progressismo seletivo dos governos latino-americanos acabou abrindo feridas profundas dentro do espaço de contestação, difíceis de curar, como mostra o caso do Equador, onde setores da Confederação de Nacionalidades Indígenas do Equador (Conaie) que antes se identificavam como espaço da esquerda acabaram votando no candidato da direita nas últimas eleições presidenciais, em 2017.

O esgotamento e o fim do ciclo progressista não é algo que possa ser celebrado. Certamente, ele nos leva a pensar sobre a dissociação entre progressismos existentes e esquerdas, e a evolução de tais regimes rumo a modelos de dominação mais tradicionais: populismos, transformismos, revoluções passivas. O novo ciclo político nos confronta com um novo cenário, cada vez mais desprovido de uma linguagem comum, em que alguns governos progressistas persistem (com todas as suas mutações), existindo inclusive a possibilidade de que se somem outras experiências. O cenário também mostra uma direita refortalecida, que apresenta uma linguagem abertamente neoempresarial, como no caso brasileiro. De fato, onde houve alternância de poder, percebem-se continuidades e rupturas em relação ao ciclo progressista, as primeiras ligadas ao aprofundamento dos extrativismos vigentes, e as segundas, a um retrocesso aberto dos direitos sociais conquistados. Essas continuidades e rupturas se dão em um quadro que coloca num terreno cada vez mais pantanoso o respeito às liberdades e aos direitos básicos das populações mais vulneráveis. Abre-se assim um novo cenário em nível global e regional, mais atomizado e imprevisível, que marca o fim do ciclo do progressismo como língua franca e mostra o avanço de uma direita regressiva, que busca impulsionar de modo mais aberto a lógica do capital nos territórios.

Reflexões finais

Dimensões da crise sistêmica

A humanidade atravessa uma crise sistêmica de alcance global, uma crise civilizatória que abarca diferentes fatores e que se encontra estreitamente vinculada à expansão do capitalismo neoliberal e suas fronteiras.[44] Por isso, neste último capítulo proponho uma reflexão sobre as diferentes dimensões da crise, começando pela socioecológica e encerrando com a crise política que atravessa a América Latina. Para tanto, retomo o conceito de Antropoceno, com a finalidade de estabelecer seus vínculos com a crítica ao desenvolvimento e ao neoextrativismo. Do mesmo modo, abordo alguns dos conceitos-horizonte que atravessam a análise crítica com relação aos modelos de desenvolvimento hegemônico na Europa e na América Latina, necessários para pensar em alternativas para a crise.

---

44 Nesse sentido, coincide com o olhar do livro *Alternativas sistêmicas: Bem Viver, decrescimento, comuns, ecofeminismo, direitos da Mãe Terra e desglobalização*, organizado por Pablo Solón (Elefante, 2019).

Dimensões da crise: o Antropoceno

O Antropoceno designa um novo tempo no qual o ser humano se tornou uma força de transformação de alcance global e geológico. Essa era foi proposta por alguns cientistas eminentes, entre eles o químico Paul Crutzen, em 2000, para substituir o Holoceno, caracterizado pela estabilidade climática, que durou por cerca de dez a doze mil anos e permitiu a expansão e o domínio do ser humano sobre a Terra. A entrada em uma nova era, o Antropoceno, instala a ideia de que transpusemos um limite perigoso, o que pode nos levar a experimentar mudanças bruscas e irreversíveis, ilustrado — como a ponta do *iceberg* — pelo aquecimento global e por suas consequências na mudança climática, assim como pela extinção em massa e pela perda inerente de biodiversidade em grande escala.

O termo Antropoceno junta dois radicais proveniente do grego, ἄνθρωπος (*anthropos*), que significa "homem", e καινός (*kainos*), que significa "novo" ou "recente". Os fatores que justificavam falar em uma mudança de era são inúmeros. Um primeiro elemento foi a mudança climática, associada ao aquecimento global, produto do aumento das emissões de dióxido de carbono e de outros gases causadores de efeito estufa. Hoje, a atmosfera contém mais de 150% de gás metano e mais de 45% de dióxido de carbono, produto de emissões humanas, em comparação com 1750. Em consequência, desde meados do século XX, a temperatura aumentou 0,8°C, e os cenários previstos pelo Painel Intergovernamental sobre Mudanças Climáticas (IPCC) preveem um aumento da temperatura entre 1,2°C e 6°C até o fim do século XXI. Os cientistas consideram 2°C o limite da segurança, e que o aumento de temperatura pode ser bem maior se nada for feito. Os enfoques sistêmicos e os avanços científicos mais recentes mostram que até mesmo uma leve variação na temperatura média do planeta poderia desencadear mudanças imprevisíveis e desordenadas.

Em 2017, um relatório da The Carbon Majors, uma organização sem fins lucrativos, descobriu que mais da metade das emissões industriais desde 1988 corresponde a 25 empresas ou entidades estatais. Grandes companhias petrolíferas como ExxonMobil, Shell, British Petroleum e Chevron estão entre as maiores emissoras. Do mesmo modo, de acordo com o relatório, se os combustíveis fósseis continuarem sendo extraídos no ritmo atual durante os próximos 28 anos, as temperaturas médias subiriam cerca de 4°C até o fim do século.

O segundo fator de alarme se refere à perda de biodiversidade, a destruição do tecido da vida e dos ecossistemas. Trata-se de um processo de caráter recursivo, já que a perda de biodiversidade também é acelerada pela mudança climática. Basta destacar que nas últimas décadas a taxa de extinção das espécies foi mil vezes superior do que o observado nas demais eras geológicas. Por isso mesmo, já se fala da *sexta extinção*, ainda que, diferentemente das anteriores, que se explicava por fatores exógenos (o esfriamento global ou, no caso da extinção dos dinossauros, a queda de um asteroide), a hipótese de uma sexta extinção tem origem antrópica, colocando no centro a responsabilidade da ação humana e seus impactos sobre a vida no planeta.

Em 2004, um grupo de cientistas utilizou a relação espécie-área para fazer um primeiro cálculo do risco de extinção em um contexto de mudança climática, utilizando dois cenários extremos. Um de mudança mínima, se o aquecimento global se mantivesse em patamares baixos, que estimava que até 2050 estariam condenadas à extinção entre 22% e 31% das espécies; se o aquecimento global disparasse ao máximo provável, a porcentagem subiria, ficando entre 38% e 52%. Outros estudos indicam porcentagens diferentes (maiores ou menores), mas, ainda assim, os resultados são sempre alarmantes. As espécies ameaçadas são muitas, desde o solitário urso-polar, que pode desaparecer em poucas décadas se as placas de gelo do oceano Ártico continuarem se reduzindo, até as abelhas, cujas colônias estão em colapso devido ao uso de pesticidas, à aparição de diversos vírus e, claro, à mudança climática.

Não são apenas os ecossistemas terrestres que estão ameaçados. A acidificação dos oceanos é a outra face do aquecimento global, produto da concentração de dióxido de carbono, que transforma a química das águas e põe em risco a vida dos ecossistemas marinhos. Desde o começo da Revolução Industrial, a média de acidez aumentou 30% devido à absorção de dióxido de carbono proveniente da queima de combustíveis fósseis. Calcula-se que o mar absorva cerca de quinhentos bilhões de toneladas de CO_2, "o que equivale em peso a quinhentos bilhões de fuscas jogados no mar", segundo Bonneuil e Fressoz (2013).

Em um texto cheio de ironia e comentários incisivos, a filósofa e feminista norte-americana Donna Haraway (2016), citando a bióloga Anna Tsing, defende que o Holoceno foi um longo período em que ainda eram abundantes as áreas de refúgio nas quais os diferentes organismos podiam viver em condições desfavoráveis enquanto desenvolviam lentamente uma estratégia de repovoamento. É certo que as sucessivas extinções terminaram com uma parcela importante de espécies devido a fatores exógenos (mudança climática e/ou grandes catástrofes), mas a vida na Terra sempre demonstrou uma grande capacidade de resiliência. A novidade do Antropoceno, e de seu caráter drástico, não é apenas levar à destruição de espaços e tempos de refúgio para qualquer organismo, sejam animais, plantas ou seres humanos; não é apenas uma questão de magnitude, mas também de velocidade do processo. Tudo indica que a aceleração das mudanças dificultaria também a própria possibilidade de adaptação. Em consequência, o Antropoceno é menos uma nova era que uma "dobradiça" que nos obriga a reconhecer que "o que virá não será como o que veio antes".

Outro fator crítico se refere às mudanças nos ciclos biogeoquímicos, fundamentais para manter o equilíbrio dos ecossistemas. Isso aconteceu com o ciclo do carbono, os ciclos da água, do nitrogênio, do oxigênio e do fósforo, essenciais para a reprodução da vida, que passaram para as mãos do homem nos últimos séculos. O aumento desmedido da atividade industrial, o desmatamento, a contaminação dos solos por ação de fertilizantes e a contaminação da água estão produzindo uma alteração nesses ciclos vitais. Por exemplo, a crescente demanda de energia levou a uma modificação do ciclo da água, por meio da construção de represas. "Represamos metade dos rios do mundo, à taxa sem precedentes de um por hora, e em dimensões também sem precedentes, com mais de 45 mil represas" em mais de 140 países do mundo, de uma altura de mais de quatro andares, segundo o site da Comissão Mundial de Represas (Castro, 2009). Isso tem como consequência o deslocamento de milhares de pessoas. Além de afetar os ecossistemas, a perda de bens naturais e do patrimônio cultural que é para sempre submerso, as represas geraram entre quarenta milhões e oitenta milhões de deslocados no mundo, ainda que alguns considerem esse número conservador, podendo se estender a cem milhões — a maioria de população indígena ou camponesa. Os dois países mais populosos do mundo, China e Índia, têm a maior quantidade de pessoas deslocadas; em nossa região, o Brasil encabeça o *ranking*, com mais de um milhão de pessoas deslocadas.

A isso é preciso acrescentar o aumento da população mundial. Ultrapassamos os novecentos milhões de habitantes em 1800 e chegamos a quase 7,5 bilhões em 2018. A pegada ecológica da humanidade hoje excede a capacidade de regeneração dos ecossistemas, tendo aumentado 50% entre 1970 e 1997. Atualmente, consumimos 1,5 vez o que o planeta pode fornecer de maneira sustentável. Isso significa que a Terra precisa de mais de 1,5 ano para regenerar o que utilizamos e os dejetos que produzimos em um ano, uma realidade que nos coloca diante de um índice insustentável e que só vai piorar, já que se espera que, para o ano 2050, tenhamos chegado a dez bilhões de habitantes, a maior parte em países emergentes ou em vias de desenvolvimento. Caso o sistema atual de consumo persista, calcula-se que para 2030 precisaríamos do equivalente a dois planetas Terra para sustentar a humanidade.

Outro fator de alarme está relacionado às mudanças no modelo de consumo, fundamentado no sistema de obsolescência precoce e programada, que limita a vida útil dos produtos, obrigando as pessoas a renová-los repetidas vezes, em função da maximização dos benefícios do capital. Uma prática insustentável em termos socioambientais, iniciada por empresas fabricantes de automóveis e exacerbada a partir dos anos 1970 pelo setor industrial, que inclui desde eletrodomésticos a computadores, celulares e até roupas. Por sua vez, esse processo se inscreve em um movimento muito mais extenso vinculado às mutações do modelo alimentar, ocorrido nas últimas décadas. Temos assistido a uma notória guinada rumo a um modelo alimentar com enormes impactos sobre nossa saúde, sobre a vida dos animais, das plantas e dos campos, promovidos por políticas de Estado, lógicas de marketing e poderosos *lobbies* empresariais que se concretizam à revelia da sociedade. Trata-se de um modelo construído pelas grandes empresas agroalimentícias do mundo, que é acompanhado por uma degradação de todos os ecossistemas: expansão de monoculturas — como soja e dendê — que levam à aniquilação da biodiversidade, tendência à sobrepesca, contaminação por fertilizantes e pesticidas, desmatamento e grilagem. Todas essas formas de produção e degradação dos ecossistemas são responsáveis pelo aumento da emissão de gases do efeito estufa, não só durante o processo de produção, mas também durante o transporte dos bens.

Antropoceno, crítica ao neoextrativismo e alternativas

O conceito de Antropoceno estava fadado a um grande destino. Logo foi se difundindo não apenas no campo das chamadas ciências da terra, mas também nas ciências sociais e humanas, inclusive no campo artístico, razão pela qual se tornou um ponto de convergência de geólogos, ecólogos, climatólogos, historiadores, filósofos, artistas e críticos de arte, entre outros. Para uma parte importante dos cientistas, incluindo Paul Crutzen, a entrada em uma nova era ocorreu após a Revolução Industrial, ou seja, com a invenção da máquina a vapor no começo da exploração dos combustíveis fósseis, primeiro o carvão, depois o petróleo. A essa primeira fase se seguiu uma segunda, chamada "a grande aceleração", iniciada depois de 1945 e ilustrada por uma grande quantidade de indicadores da atividade humana que vão desde a maior petrolização das sociedades e a concentração atmosférica do carbono e do metano até o aumento das represas, passando por mudanças no ciclo do nitrogênio e do fósforo e a drástica perda de biodiversidade. Todos esses indicadores apontam para um impulso exponencial de impactos de origem antrópica sobre o planeta a partir de 1950.

Para outros, como o Anthropocene Working Group, que reúne cientistas da Universidade de Leicester e do Serviço Geológico Britânico, sob a direção de Jan Zalaslewicz, o planeta entrou em uma nova era geológica, o Antropoceno, mais tarde. Após sete anos de trabalho, no fim de 2016 a equipe de geólogos realizou testes estatigráficos que acusaram a presença de alumínio, concreto, plástico, restos de testes nucleares, aumento de dióxido de carbono, chuva radioativa e outras pegadas nos sedimentos. Em consequência, o grupo elaborou a tese de que o Antropoceno começou em 1950, com os resíduos radioativos das bombas atômicas, pois a marca que determina essa mudança são os vestígios radioativos do plutônio depois dos inúmeros testes com bombas nucleares realizados em meados do século XX.

Em contraste, para outros analistas, como o historiador marxista Jason Moore, trata-se de um processo de longa duração, pois seria preciso questionar as origens do capitalismo e a expansão das fronteiras de mercadorias ao longo do período medieval para dar conta de uma nova era, que ele prefere denominar Capitaloceno. Os ciclos do capital foram gerando um modelo histórico-geográfico baseado na apropriação rápida e na expansão e diversificação geográfica, uma vez esgotado o recurso. "A terra se esgota? Movemos a fronteira. Esse foi o lema mostrado no brasão de armas do capitalismo primitivo" (Moore, 2013). Desse modo, a crise atual deve ser lida como um processo no qual vão tomando forma novas maneiras de ordenar a relação entre os humanos e o restante da natureza.

Do meu ponto de vista, é preciso estimular o alcance crítico e dessacralizador do conceito, pensar o Antropoceno na chave da expansão da *mercantilização* e da *fronteira*, o que nos obriga a voltar à crítica ao capital neoliberal. Isso não significa, entretanto, que seja preciso abandonar sua noção-síntese. Pelo contrário, torna-se imprescindível destacar a tensão que perpassa o Antropoceno, pois se trata de um conceito contestado, atravessado por diferentes narrativas, nem todas convergentes, não só no que diz respeito ao início de uma nova era, mas, sobretudo, com relação às possíveis saídas para a crise sistêmica.[45]

---

45 Em um cenário no qual nenhuma potência quer dar o primeiro passo, diante da credibilidade cada vez menor dos acordos globais para controlar as emissões de CO_2,

O Antropoceno como diagnóstico crítico nos desafia a pensar a problemática socioecológica de outro ponto de vista. Instala a ideia de que a humanidade transpôs um limite, o que nos leva a confrontar respostas cada vez mais imprevisíveis, não lineares e em grande escala por parte da natureza. Isso posto, é evidente que não se trata apenas de uma crise da humanidade, do *anthropos*, entendida em termos genéricos. À medida que os atores econômicos e políticos dominantes continuam promovendo modelos de desenvolvimento insustentáveis, não é apenas a vida humana que está em perigo, mas também a de outras espécies e do planeta Terra em seu conjunto, pelo menos tal como o conhecemos. Em consequência, enquanto diagnóstico crítico, o Antropoceno envolve o questionamento das lógicas atuais de desenvolvimento.

Nesse sentido, é na periferia globalizada e por meio do neoextrativismo que se expressa a totalidade da mercantilização de todos os fatores de produção, ligada à atual fase do capitalismo neoliberal, que tem como consequência a expansão das fronteiras de exploração do capital pela imposição de modelos de desenvolvimento insustentáveis em grande escala, em que se combinam lucro extraordinário, destruição de territórios e desapropriação de populações. A isso se soma o aumento dos eventos extremos: incêndios, inundações, secas, que, além de serem fenômenos generalizados no planeta, estão vinculados às políticas que os diferentes governos promovem por meio de medidas em favor do agronegócio e dos modelos alimentares, da megamineração, da expansão da fronteira petrolífera, das

o capitalismo prepara seu plano B para reciclar o projeto da modernidade capitalista sem ter que deixar o capitalismo. Esse plano B se chama *geoengenharia* e está baseado no princípio de que é possível superar os riscos do aquecimento global a partir da intervenção deliberada sobre o clima em escala global. Para mais sobre o assunto, ver Hamilton (2013).

megarrepresas e outros. Em resumo, vista do Sul, a associação entre Antropoceno, expansão da fronteira das *commodities* e exacerbação do neoextrativismo é indiscutível.

No Sul, isso levou ao debate não só sobre as incontáveis consequências do extrativismo, mas também sobre como enfrentar a crise sistêmica. Assumir a crise socioecológica e civilizatória que marca o Antropoceno leva ao desafio de pensar alternativas ao extrativismo dominante, de elaborar estratégias de transição no caminho para uma sociedade pós-extrativista. Para tanto, é necessário superar as visões hegemônicas que continuam abordando o desenvolvimento de uma perspectiva produtivista (de crescimento indefinido), como se os bens naturais fossem inesgotáveis, como se o ser humano fosse autônomo, alguém externo à natureza ou acima dela. Do mesmo modo, exige pensar a transição para o fim do padrão atual de desenvolvimento, algo que abarca não apenas o neoextrativismo dominante — em termos de modo de apropriação da natureza e modelo de acumulação —, mas também os padrões hegemônicos de circulação e de consumo para elaborar alternativas integrais e sistêmicas.

Em suma, o Antropoceno como diagnóstico crítico exige repensar a crise de um ponto de vista sistêmico. O meio ambiente não pode ser reduzido a mais uma coluna de gastos na contabilidade de uma empresa, em nome de uma suposta responsabilidade social, tampouco a uma política de modernização ecológica ou de economia que, *grosso modo*, aponta para a continuidade do capitalismo pela convergência entre lógica de mercado e defesa das novas tecnologias ditas "limpas". Por fim, a atual crise socioecológica não pode ser vista como mais um aspecto ou uma dimensão da agenda pública, nem como mais uma dimensão das lutas sociais. Ela deve ser pensada de uma perspectiva holística, integral, decididamente inter e transdisciplinar.

Do ponto de vista teórico, em consonância com o pensamento de Alberto Acosta e Ulrich Brand (2017), é possível pensar na transição articulando dois conceitos cada vez mais arraigados no campo da contestação em nível global: pós-extrativismo e decrescimento. Trata-se de dois conceitos-horizonte de caráter multidimensional que compartilham diferentes traços ou elementos críticos: por exemplo, oferecem um diagnóstico crítico do capitalismo atual, não apenas em termos de crise econômica e cultural, mas também de um enfoque mais global, entendendo-a como uma crise socioecológica de âmbito civilizatório. Ambos fazem uma crítica aos limites ecológicos do planeta, ao mesmo tempo que enfatizam o caráter insustentável dos modelos de consumo e alimentares, difundidos em escala global, tanto no Norte como no Sul. Por último, são noções que constituem um ponto de partida para pensar horizontes de mudanças e alternativas civilizatórias, baseadas em outra racionalidade ambiental, diferente da puramente economicista, que impulsiona o processo de mercantilização da vida em seus diferentes aspectos.

De fato, na América Latina a transição é pensada a partir de novas formas de habitar o território, algumas delas ainda incipientes, outras vigentes no calor das lutas e das resistências sociais que assumem um caráter anticapitalista. Essas novas formas de habitar são acompanhadas por uma narrativa político-ambiental, associada a conceitos como bem viver, direitos da natureza, bens comuns, pós-desenvolvimento, ética do cuidado, entre outros. Todos esses conceitos se apoiam na defesa do comum, que aparece hoje como uma das chaves para a busca de um novo paradigma emancipatório, para a gramática antagonista dos movimentos sociais, tanto nos países centrais, onde a luta em defesa do comum se define hoje contra as políticas de ajuste e privatização (o neoliberalismo) e contra a expansão das energias extremas, como nos países periféricos, onde ela se define sobretudo contra as diferentes e múltiplas formas do neoextrativismo desenvolvimentista.

Sem dúvida, para reverter a lógica do crescimento infinito, é necessário explorar e avançar rumo a outras formas de organização social, baseadas na reciprocidade e na redistribuição, que coloquem importantes limitações à lógica de mercado. Na América Latina e no Sul global existem inúmeras contribuições da economia social e solidária, cujos sujeitos de referência são os setores mais excluídos (mulheres, indígenas, jovens, operários, camponeses), cujo sentido do trabalho humano é produzir *valores de uso* ou meios de vida. Existe, assim, uma pluralidade de experiências de auto-organização e autogestão dos setores populares ligados à economia social e ao autocontrole do processo de produção, a formas de trabalho não alienado, e outras ligadas à reprodução da vida social e à criação de novas formas de comunidade. Por exemplo, em um país tão dependente da soja como a Argentina — ou precisamente por isso — foram criadas redes de municípios e comunidades que fomentam a agroecologia, propondo alimentos saudáveis, sem agrotóxicos, com menores custos e menor lucro, empregando mais trabalhadores. Uma nova trama agroecológica surge, um arquipélago de experiências que buscam se conectar por pontes e passarelas, à margem do grande continente da soja que hoje aparece como o modelo dominante, baseado no cultivo transgênico para exportação. Ainda que modestas, de caráter local e limitado, marcada pela vulnerabilidade e pela possibilidade de cooptação, essas experiências de auto-organização vão deixando sua marca por meio da criação de um novo tecido social, um leque de possibilidades e experiências que é necessário explorar e capacitar.

Por outro lado, na Europa, as múltiplas dimensões da crise se mesclam ao questionamento e ao fracasso do neoliberalismo, visíveis na privação de vários setores não contidos em uma globalização cada vez mais excludente e desigual, na estabilização de um modo de vida consumista, que impulsiona a aceleração do metabolismo social do capital (a exigência de matérias-primas e de energia). No âmbito de uma crise não apenas política e econômica, mas também cultural, reapareceu a partir de 2008 a ideia de decrescimento, lançada nos anos 1970, em uma espécie de segunda vida. Longe da literalidade com que alguns associam o conceito (lido simplesmente como a negação do crescimento econômico), o léxico experimental desenvolvido na Europa nas últimas décadas aprofunda o diagnóstico da crise sistêmica (os limites sociais, econômicos e ambientais do crescimento, ligados ao modelo capitalista atual) e abre o imaginário da descolonização a uma nova gramática social e política, na qual se destacam diferentes propostas e alternativas: auditoria da dívida, desobediência, ecocomunidades, horticultura urbana, indignados, divisão do trabalho, moedas sociais. Por exemplo, no âmbito da transição genética, estão sendo impulsionadas as *cidades em transição*, um movimento pragmático em favor da agroecologia, da permacultura, do consumo de bens de produção local e/ou coletiva, do decrescimento e da recuperação das habilidades para a vida e a harmonia com a natureza. Nascido na Irlanda em 2006, esse movimento pretende criar sociedades mais austeras, utilizando energias limpas e renováveis, com um forte aumento da eficiência energética. As comunidades em transição buscam gerar resiliência social contra o progressivo colapso social provocado pela mudança climática, o esgotamento dos combustíveis fósseis e a degradação dos regimes políticos.

Abordagens relacionais e vias da interdependência

A guinada antropocênica tem profundas repercussões filosóficas, éticas e políticas; ela nos obriga a nos reconsiderar como *anthropos*, mas também nos leva a repensar o vínculo entre sociedade e natureza, entre humano e não humano. Já faz séculos que abandonamos a visão organicista da natureza, Gaia, Gea ou Pacha Mama, que nossos ancestrais professavam. Como filhos da modernidade ou rebentos colonizados por ela, nos vinculamos à natureza a partir de uma episteme antropocêntrica e androcêntrica, cuja persistência e repetição, longe de conduzir a uma solução da crise, se transformou afinal em uma parte importante do problema.

Em suas versões mais críticas, a guinada antropocênica envolve um questionamento do paradigma cultural da modernidade, baseado em uma visão instrumental da natureza, submetida à lógica da expansão do capital. Nesse sentido, a antropologia e a filosofia crítica das últimas décadas nos recordam com insistência da existência de outras modalidades de construção do vínculo com a natureza, entre o humano e o não humano. Em outras palavras, nem todas as culturas nem todos os tempos históricos, inclusive no Ocidente, desenvolvem um enfoque dualista da natureza. Nem todos os povos percorreram o mesmo caminho, isolando a natureza ou a considerando algo separado, externo, a serviço do ser humano. Existem outras matrizes de tipo relacional ou generativo, baseadas em uma visão mais dinâmica, tal como acontece com algumas culturas orientais, em que o conceito de movimento, de se tornar, é o princípio que rege o mundo e se reflete na natureza, ou aquelas visões imanentes dos povos indígenas americanos que concebem o ser humano na natureza, imerso nela, e não como algo separado ou à frente dela.

Esses enfoques relacionais, que destacam a interdependência do vivo, que dão conta de outras formas de relacionamento entre os seres vivos, entre humanos e não humanos, assumem diversos nomes: *animismo*, para o antropólogo Philippe Descola, *perspectivismo amazônico ou ameríndio*, para Eduardo Viveiros de Castro. Assim, para Descola (2011), enquanto o naturalismo (dualismo sociedade/natureza) associado à cultura ocidental se baseia na ideia de que o ser humano compartilha a mesma realidade física que o animal (a corporeidade), distinguindo-se por sua interioridade, para o animismo todos os seres têm uma interioridade similar, mas se diferenciam pelo corpo. De sua parte, Viveiros de Castro argumenta em sentido similar no conhecido ensaio *La mirada del jaguar: introducción al perspectivismo amerindio*, no qual conceitualiza o modelo local amazônico de relação com a natureza. O perspectivismo ameríndio afirma que o mundo está povoado por muitas espécies de seres dotados de consciência e cultura, e que cada um desses seres vê a si mesmo como humano e vê os outros como não humanos, ou seja, como animais ou uma espécie de espírito. Em contraste com a visão moderna, o plano de fundo em comum entre humanos e não humanos não é a animalidade, mas a humanidade. A humanidade não é exceção, e sim regra; cada espécie vê a si mesma como humana e, portanto, como sujeito, sob a espécie da cultura. "A humanidade é o plano de fundo universal do cosmos. Tudo é humano" (Viveiros de Castro, 2008).

Essas formas de relacionamento e apropriação da natureza questionam os dualismos constitutivos da modernidade. Nesse sentido, o colombiano Arturo Escobar argumenta que:

> Antropólogos, geógrafos e ecologistas políticos demonstraram com cada vez mais eloquência que muitas comunidades rurais do Terceiro Mundo "constroem" a natureza de formas impressionantemente diferentes às formas modernas dominantes: designam e, portanto, utilizam, os ambientes naturais de maneiras muito particulares. Estudos etnográficos dos cenários do Terceiro Mundo descobrem uma quantidade de práticas — significativamente diferentes — de pensar, relacionar-se, construir e experimentar o biológico ou natural. (Escobar, 2000, p. 71)

Essas "ontologias relacionais", como as denomina Escobar (2011; 2014), seguindo o antropólogo Mario Blaser, têm o território e suas lógicas comunais como condição de possibilidade. A inter-relação gera espaços de sinergia entre o mundo dos homens e mulheres com o restante dos outros mundos que circundam o mundo dos humanos. Esses espaços se materializam em práticas, manifestam-se como montanhas ou lagos, ainda que se entenda que têm vida ou são espaços animados, o que é difícil demonstrar do ponto de vista do positivismo europeu (Escobar, 2011; 2014).

Por outro lado, na hora de repensar nosso vínculo com a natureza de uma perspectiva relacional, sem dúvida a ética do cuidado e o ecofeminismo abrem outras vias. Suas contribuições podem nos ajudar a reelaborar os vínculos entre o humano e o não humano, a questionar a visão reducionista baseada na ideia de autonomia e individualismo. Certamente, a ética do cuidado oferece outra porta de entrada na necessária tarefa de repensar nosso vínculo com a natureza ao colocar no centro da noção de interdependência o que na chave da crise civilizatória deve ser lido como ecodependência. A universalização da ética do cuidado, como afirma Carol

Gilligan (2015), abre um processo de liberação maior, não apenas das mulheres, mas de toda a humanidade.

Essa linha de ação está refletida no envolvimento cada vez maior das mulheres na luta contra o neoextrativismo e suas diferentes modalidades. Tais lutas abrem uma dinâmica que questiona a visão dualista consolidada desde a modernidade ocidental que considera a natureza algo externo, passível de ser dominado e explorado. Nesse ponto crucial, os feminismos populares vão tecendo uma relação diferente entre sociedade e natureza pela afirmação da noção de interdependência, na qual o ser humano é compreendido como uma parte da natureza, interno a ela, e, em consequência, projeta uma compreensão da realidade humana pelo reconhecimento dos outros e da natureza. Por outro lado, o caráter processual das lutas também leva a um questionamento do patriarcado enquanto modelo de dominação de um gênero sobre outro, baseado em uma matriz binária e hierárquica que separa e privilegia o masculino sobre o feminino.

O protagonismo que assumem na América Latina as mulheres nas lutas contra a expansão da fronteira extrativa e a grilagem é uma ilustração paradigmática desse duplo processo. Trata-se de vozes pessoais e ao mesmo tempo coletivas, cuja escuta atenta nos situa em diferentes níveis de pensamento e ação, pois por trás da denúncia e do testemunho não só é possível ver a luta concreta e encorpada das mulheres nos territórios, o que leva a uma forte identificação com a terra e seus ciclos vitais de reprodução, mas também a dessacralização do mito do desenvolvimento e a construção de uma relação diferente com a natureza. Não poucas vezes se assoma a reivindicação de uma voz livre, honesta, "uma voz própria", que questiona o patriarcado em todas as suas dimensões e busca recolocar o cuidado em um lugar central e libertador, associado de modo indiscutível à nossa condição humana. Assim, em um mundo cada vez mais mercantilizado, em que a totalidade de nossos bens comuns naturais está cada vez mais submetida à pressão do capitalismo neoliberal, a ética do cuidado se torna uma pedra basal para repensar as relações de gênero, assim como as relações com a natureza.

Desse modo, no calor das lutas foram se afirmando outras linguagens de valorização do território, outros modos de construção do vínculo com a natureza, outras narrativas da Mãe Terra, que recriam um paradigma relacional baseado na reciprocidade, na complementaridade e no cuidado, que apontam para outros modos de apropriação e diálogo de saberes, para outras formas de organização da vida social. Essas linguagens se alimentam de diferentes matrizes político-ideológicas, de perspectivas anticapitalistas, ecologistas e indianistas, feministas e antipatriarcais, que provêm do mundo heterogêneo das classes subalternas e percorrem o campo das ciências humanas e sociais, das ciências da terra e, inclusive, o campo da arte, associada às vanguardas estéticas. Essas linguagens construídas de baixo constituem pontos de partida inevitáveis no processo de construção de outro convívio, de outros modos de habitar a terra. Em suma, os enfoques relacionais que, no calor da crise sistêmica, vão ganhando nova significação apontam para o fato de que vivemos em um mundo no qual a pluralidade ontológica se fundamenta na multiplicidade de mundos, de "pluriversos", como afirma Escobar, o que leva ao respeito a outros modos de compreender a cultura e de organizar a vida.

As dimensões da crise na América Latina

Até poucos anos atrás, acreditava-se que a América Latina se encontrava na contramão do processo global marcado pelo aumento das desigualdades sociais. Entretanto, até o final do chamado superciclo das *commodities*, os indicadores sociais e econômicos mostram um panorama preocupante, depois de mais de dez anos de crescimento e de ampliação do consumo. Sem dúvida, os governos latino-americanos — sobretudo os progressistas — aumentaram o gasto público social, conseguiram diminuir a pobreza por meio de políticas sociais e melhoraram a situação dos setores com rendas mais baixas a partir de uma política de aumento salarial e do consumo. Não obstante, a desigualdade não foi reduzida. Ao não tocar nos interesses dos setores mais poderosos, ao não realizar reformas tributárias progressivas, como explicado no capítulo anterior, as desigualdades persistiram no ritmo da concentração econômica e da grilagem.

Desta forma, a partir de um olhar mais no longo prazo, a expansão do neoextrativismo resultou em uma série de desvantagens, que derrubaram a tese das vantagens comparativas que durante o tempo de vacas gordas do Consenso das *Commodities* alguns defenderam. Por um lado, o neoextrativismo não conduziu a um salto da matriz produtiva, e sim a maior reprimarização das economias, o que foi agravado pela chegada da China, potência que de modo acelerado foi se impondo como sócia desigual na região latino-americana. Ao mesmo tempo, a crescente baixa do preço das matérias-primas gerou um déficit na balança comercial que impulsionou os governos a contrair mais dívidas e a multiplicar os projetos extrativos, iniciando assim em uma espiral perversa, que leva à consolidação de um padrão primário-exportador dependente e acentua o processo de violação de direitos humanos.

Por outro lado, se faz evidente o vínculo entre neoextrativismo, grilagem e desigualdade. A América Latina é não só a região mais desigual do mundo, mas também a com pior distribuição de terras, em virtude do avanço das monoculturas e da espoliação, em benefício de grandes empresas e latifundiários. Nesse sentido, o neoextrativismo teve impactos profundos no âmbito rural em razão das monoculturas, o que terminou redefinindo a disputa pela terra em desfavor das populações pobres e vulneráveis. Assim, a expansão da fronteira agrícola trabalhou em favor dos grandes atores econômicos, interessados em implementar cultivos transgênicos ligados à soja, ao dendê, à cana-de-açúcar etc. Dados dos censos agropecuários de quinze países mostram que, "na região, 1% das propriedades de maior tamanho concentra mais da metade da superfície agrícola. Em outras palavras, 1% das propriedades reúne mais terras que os 99% restantes" (Oxfam, 2016).

Por último, para além das diferenças internas, os modelos de desenvolvimento dominantes apresentam uma lógica comum: grande escala, ocupação intensiva do território, amplificação de impactos sociais e sociossanitários, predomínio de grandes atores corporativos, democracia de baixa intensidade e violação de direitos humanos. Nesse sentido, é preciso lembrar que a América Latina ostenta outro triste recorde, pois é a região do mundo com maior número de defensores dos direitos humanos e ativistas ambientais assassinados, um indicador sombrio que recrudesceu nos últimos dez anos, no ritmo da expansão da fronteira extrativa e da criminalização dos protestos socioambientais. Nesse sentido, a abertura de um novo ciclo de violação dos direitos humanos destaca a limitação dos modelos de governança democrática hoje implementados na região e, mais ainda, a retração das fronteiras de direitos. Isso inclui tanto a violação de direitos políticos básicos — direito à informação, direito à manifestação, direito a participar de decisões coletivas (consultas e referendos) — quanto a violação dos direitos territoriais e ambientais, presentes nas novas constituições e na legislação nacional e internacional.

Essa realidade incontestável que necrosa a democracia e reconfigura de modo negativo o tecido social como produto do extrativismo hegemônico foi erigindo novas barreiras entre as diferentes narrativas de contestação que perpassam o continente, mais especialmente entre, de um lado, os progressismos populistas e desenvolvimentistas, com sua vocação estatista e sua tendência à concentração e personalização do poder, e, do outro, a gramática política radical, elaborada no campo indígena e nos movimentos sociais, ao ritmo do surgimento de uma nova agenda socioambiental. Em suma, a passagem do Consenso de Washington para o Consenso das *Commodities* instalou problemáticas e paradoxos que reconfiguram inclusive o caráter antagonista dos movimentos sociais e o horizonte do pensamento crítico latino-americano, confrontando-nos a afastamentos teóricos e políticos, que foram se cristalizando em um conjunto de posições ideológicas difícil de processar e resolver. A isso é preciso acrescentar que a atual fase de exacerbação da dinâmica extrativa, com suas formas extremas, promove a crise em suas diferentes dimensões. Diferentemente de épocas anteriores, em que o ambiental era mais uma dimensão das lutas, pouco assumida em termos explícitos, hoje as lutas ecoterritoriais da América Latina dão conta de uma ressignificação da problemática, na chave social, política e civilizatória, que questiona a visão hegemônica do desenvolvimento e, portanto, a dinâmica do capitalismo neoliberal.

Assim, torna-se necessário averiguar aquelas experiências coletivas que se nutrem de valores como reciprocidade, complementaridade, justiça social e ambiental, cuidado e harmonia nas relações de interdependência entre o humano e o não humano. Do ponto de vista das alternativas, na América Latina existe uma perspectiva ecoterritorial, de corte propositivo, com ênfase na agroecologia; há uma perspectiva indigenista, de corte comunitário, com ênfase na descolonização e no bem viver; uma perspectiva ecofeminista, com ênfase na ética do cuidado e na despatriarcalização. Tais enfoques e linguagens propõem a desmercantilização dos bens comuns e a necessidade de elaborar propostas alternativas viáveis, com base nas economias locais e regionais, nas experiências de agroecologia, nos espaços comunitários (indígena--camponeses) e outros.

Para encerrar, é preciso recordar um dado menor: se no começo da mudança de era, com o questionamento do neoliberalismo, o protagonismo das lutas e a elaboração de uma linguagem emancipatória tiveram como grande ator os povos indígenas (bem viver, direitos da natureza, autonomia, plurinacionalidade), o fim do ciclo progressista e o começo de uma nova era parece marcado pelas lutas das mulheres, em diferentes escalas e níveis, visíveis — embora não exclusivamente — nas resistências ao neoextrativismo. Em outros termos, a América Latina passou do "momento indianista" ao "momento feminista", uma tendência que acompanha e resume a narrativa do bem viver e dos direitos da natureza, a linguagem ecofeminista de corpo/território, a ética do cuidado, a afirmação da interdependência. Assim, à narrativa da descolonização, associada ao momento indígena, se soma agora a exigência da despatriarcalização e da ecodependência, vinculada ao movimento feminista.

Em suma, em um contexto ideológico global no qual predominam cada vez mais as direitas empresarias e/ou xenofóbicas, e em um cenário regional de crise das esquerdas e guinadas abertamente conservadoras, surge como grande desafio a tarefa de repensar e recriar o pensamento crítico antissistêmico. Para isso, a criação de pontes entre as diferentes esquerdas existentes deverá partir da incorporação do diagnóstico em termos de crise global, associada ao modo de apropriação e exploração da natureza que promove o capitalismo neoliberal, estreitamente ligado ao neoextrativismo. Sem isso, não existe possibilidade de recomposição alguma desse espaço político e intelectual que pretendemos chamar de esquerda. Simplificando, tanto na América Latina como em outras latitudes, a esquerda a ser (re)construída, se é que isso é possível, terá que ser não apenas popular e plural, mas decididamente antipatriarcal e profundamente ecologista.

Referências bibliográficas

ACOSTA, Alberto. *La maldición de la abundancia*. Quito: Abya Yala, 2009.

_____. "El Buen Vivir en el camino del post-desarrollo. Una lectura desde la Constitución de Montecristi", *Policy Paper*, n. 9, 2010. Disponível em: <library.fes.de/pdf-files/bueros/quito/07671.pdf>. Acesso em: 3 abr. 2019.

_____. "Extractivismo y neoextractivismo: dos caras de la misma maldición", Ecoportal, 2012. Disponível em: <www.ecoportal.net/temas-especiales/mineria/extractivismo_y_neoextractivismo_dos_caras_de_la_misma_maldicion>. Acesso em: 3 abr. 2019.

_____; BRAND, Ulrich. *Salidas del laberinto capitalista: decrecimiento y postextractivismo*. Madri: Icaria, 2017. [Ed. bras.: *Pós-extrativismo e decrescimento: saídas do labirinto capitalista*. São Paulo: Elefante / Autonomia Literária, 2018.]

ACSELARD, Henri (org.). *Conflitos ambientais no Brasil*. Rio de Janeiro: Relume Dumará; Fundação Heinrich Böll, 2004.

AGUINAGA, Margarita; LANG, Miriam; MOKRANI, Dunia; SANTILLANA, Alejandra. "Pensar desde el feminismo. Críticas y alternativas al desarrollo". In: LANG, Miriam; MOKRANI, Dunia (orgs.). *Más allá del desarrollo*. Quito: Fundación Rosa Luxemburgo/ Abya Yala, 2012.

ANTONELLI, Mirta. "Megaminería, desterritorialización del Estado y biopolítica", *Astrolabio*, v. 7, 2011. Disponível em: <revistas.unc.edu.ar/index.php/astrolabio/article/viewFile/592/3171>. Acesso em: 3 abr. 2019.

_____. "Megaminería transnacional e invención de la cantera", Nueva Sociedad, 2014. Disponível em: <nuso.org/articulo/megamineria-transnacional-e-invencion-del-mundo-cantera>. Acesso em: 3 abr. 2019.

ARANDA, Darío. "Lo primero es la desigualdad", Página 12, 2017.

Disponível em: <www.pagina12.com.ar/14484-lo-primero-es-la-desigualdad>. Acesso em: 3 abr. 2019.

ARCHILA, Mauricio (org.). *"Hasta cuando soñemos"*. *Extractivismo e interculturalidad en el sur de La Guajira*. Bogotá: Cinep/Programa por la Paz, 2015.

AUYERO, Javier; BERTI, María Fernanda. *La violencia en los márgenes*. Buenos Aires: Katz, 2013.

BACZKO, Bronislaw. *Les imaginaires sociaux*. Paris: Payot, 1984.

BEDOYA, Jineth. "Campamentos de explotación de niñas en zonas mineras alrededor de las minas hay redes organizadas de trata de mujeres", *Diario El Tiempo*, 2013. Disponível em: <www.eltiempo.com/archivo/documento/CMS-12824463>. Acesso em: 3 abr. 2019.

BELLAMY FOSTER, John. *La ecología de Marx: materialismo y naturaleza*. Barcelona: El Viejo Topo, 2000.

BENGOA, José. *La emergencia indígena en América Latina*. Santiago: FCE, 2007.

BERTINAT, Pablo. "Otra energía es posible", Enredando, 2013. Disponível em: <www.enredando.org.ar/2013/07/29/no-podemos-discutir-politicas-energeticas-sin-discutir-el-modelo-de-desarrollo>. Acesso em: 3 abr. 2019.

_____; D'ELIA, Eduardo; OCHANDIO, Roberto; SVAMPA, Maristella; VIALE, Enrique. *20 mitos y realidades del fracking*. Buenos Aires: El Colectivo, 2014.

BILDER, Marisa. "Las mujeres como sujetos políticos en las luchas contra la megaminería en Argentina. Registros acerca de la deconstrucción de dualismos en torno a la naturaleza y al género", dissertação de mestrado, Barcelona, Universidade Jaume I, 2013.

BOLADOS, Paola; SÁNCHEZ, Alejandra. "Una ecología política feminista en construcción: El caso de las 'mujeres de zonas de sacrificio en resistencia', Región de Valparaíso, Chile", *Psicoperspectivas*, v. 16, n. 2, pp. 33-42, 2017. Disponível em: <10.5027/psicoperspectivas-vol-16-issue2-fulltext-977>. Acesso em: 3 abr. 2019.

BONNEUIL, Christophe; FRESSOZ, J. Baptiste. *L'Événement anthropocène*. *La terre, l'histoire et nous*. Paris: Le Seuil, 2013.

BRAND, Ulrich; WISSEN, Markus. "Crisis socioecológica y modo de vida imperial. Crisis y continuidad de las relaciones Sociedad-Naturaleza en el capitalismo". In: *Alternativas al capitalismo/colonialismo del siglo XXI*. Quito: Fundación Rosa Luxemburgo/Abya Yala, 2013.

BRESSER-PEREIRA, Luis Carlos. *Globalización y competencia. Apuntes para una macroeconomía estructuralista del desarrollo*. Buenos Aires: Siglo XXI, 2010.

BURCHARDT, Has-Jürgen. "El neo-extractivismo en el siglo XXI. Qué podemos aprender del ciclo de desarrollo más reciente en América Latina". In: BURCHARDT, Has-Jürgen; DOMÍNGUEZ, Rafael; LARREA, Carlos; PETERS, Stefan (orgs.). *Nada dura para siempre. Neoextractivismo después del boom de las materias primas*. Quito: Abya Yala, 2016, pp. 55-89.

CALDERÓN, Fernando; SANTOS, Mario dos. *Sociedades sin atajos. Cultura, política y reestructuración en América Latina*. Buenos Aires: Paidós, 1995.

CANUTTO, O. "The Commodity Super Cycle: Is This Time Different?", *Economic Premise. The World Bank*, n. 150, 2014.

CARPIO, Silvia. "Integración energética sudamericana: entre la realidad, perspectivas e incertidumbres". In: *Discursos y realidades. Matriz energética, políticas e integración*. Serie Plataforma Energética. Bolívia: Cedla, 2017, pp. 91-138.

CASTRO, Gustavo. "Efectos mundiales de las represas", Ecositio, 2009. Disponível em: <www.eco-sitio.com.ar/node/266>. Acesso em: 3 abr. 2019.

CEPAL. *El Estado frente a la autonomía de la mujeres*. Santiago: Nações Unidas, 2012. Disponível em: <repositorio.cepal.org/bitstream/handle/11362/27974/1/S1200259_es.pdf>. Acesso em: 3 abr. 2019.

_____. *Los bonos en la mira: aporte y carga para las mujeres*. Observatorio de Igualdad de Género de América Latina y el Caribe, 2013. Disponível em: <www.cepal.org/publicaciones/xml/7/49307/2012-1042_OIG-ISSN_WEB.pdf>. Acesso em: 3 abr. 2019.

_____. *Anuario Estadístico de América Latina y el Caribe*. Santiago, 2015.

CHICAIZA, Gloria. *Mineras chinas en Ecuador: Nueva dependencia*. Quito: Agencia Ecologista de la Información, 2014.

CHIRO, Giovanna di. "La justicia social y la justicia ambiental en los Estados Unidos: La Naturaleza como comunidad". In: GOLDMAN, Michael (ed.). *Privatizing Nature. Political Struggles for the Global Commons*. Londres: Pluto/Transnational Institute, 1998. Disponível em: <www.scribd.com/doc/26939636/Ecologia-Politica-n%C2%BA-17-sept-1999>. Acesso em: 3 abr. 2019.

COLECTIVO VOCES DE ALERTA. *15 mitos y realidades sobre la minería transnacional en Argentina*. Buenos Aires: El Colectivo/Herramienta, 2011.

COMINI, N.; Frenkel, A. "Una Unasur de baja intensidad. Modelos en pugna y desaceleración del proceso de integración en América del Sur", *Revista Nueva Sociedad*, n. 250, 2014.

COMPOSTO, Claudia; NAVARRO, Mina Lorena. "Territorios en disputa: entre el despojo y las resistencias. La megaminería en México". In: *Entender la descomposición, vislumbrar las posibilidades*, v. 4, México, 2011.

CORAGGIO, J. Luis. "La presencia de economía social y solidaria (ESS) y su institucionalización en América Latina", Estados Generales de la Economía Social y Solidaria, 2011a. Disponível em: <www.coraggio-economia.org/jlc_conferencias_conf.htm>. Acesso em: 3 abr. 2019.

_____. *Economía social y solidaria. El trabajo antes que el capital*. Quito: Abya Yala, 2011b.

CORONIL, Fernando. *El Estado mágico. Naturaleza, dinero y modernidad en Venezuela*. Venezuela: Consejo de Desarrollo Científico y Humanístico de la Universidad Central de Venezuela/Nueva Sociedad, 2002.

DANOWSKY, D.; VIVEIROS DE CASTRO, E. "L'Arret de monde". In: HACHE, E. (org.). *De l'univers clos au monde infini*. Paris: Dehors, 2014.

DAZA QUINTANILLA, Mar; RUIZ ALBA, Nadia; RUIZ NAVARRO, Clara. "Pistas y aportes de los ecofeminismos en el Perú". In: HOETMER, Raphael; CASTRO, Miguel; DAZA, Mar; DE ECHAVE, José. *Minería y movimientos sociales en el Perú. Instrumentos y propuestas para la*

defensa de la vida, el agua y los territorios. Lima: CooperAcción/
PDGT, 2013, pp. 583-609.

DE ECHAVE, José; DIEZ, Alejandro; HUBER, Ludwig; REVESZ, Bruno;
LANATA, Xavier Ricard; TANAKA, Martín. *Minería y conflicto
social*. Lima: IEP/Cipca, 2009.

DE SOUSA SANTOS, Boaventura. "Más allá de la gobernanza neoliberal: El Foro Social Mundial como legalidad y política
cosmopolitas subalternas". In: SOUSA SANTOS, Boaventura de;
RODRÍGUEZ GARAVITO, César (orgs.). *El derecho y la globalización
desde abajo. Hacia una legalidad cosmopolita*. Cidade do México:
Anthropos, 2007.

_____. *Epistemología del sur*. Cidade do México: Clacso/Siglo
XXI, 2009.

DELGADO, Gian Carlo. *Ecología política de la minería en América
Latina. Aspectos socioeconómicos, legales y ambientales de la mega
minería*. México: Centro de Investigaciones Interdisciplinarias en
Ciencias y Humanidades, UNAM, 2010.

_____. "Configuraciones del territorio: despojo, transiciones
y alternativas". In: NAVARRO, Mina; FINI, Daniele. *Despojo
capitalista y luchas comunitarias en defensa de la vida en México:
claves desde la ecología política*. Puebla, México: Universidad
Benemérita de Puebla, 2016, pp. 51-70.

DESCOLA, Philipe. "Más allá de la naturaleza y la cultura". In: MON-
TENEGRO, Leonardo (org.). *Cultura y Naturaleza, Aproximaciones
a propósito del Bicentenario de Colômbia*. Bogotá: Jardín Botánico
de Bogotá José Celestino Mutis, 2011, pp. 75-98.

ESCOBAR, Arturo. "El lugar de la naturaleza y la naturaleza del lugar:
¿globalización o postdesarrollo?". In: LANDER, E. *La coloniali-
dad del saber. Eurocentrismo y ciencias sociales. Perspectivas latinoa-
mericanas*. Buenos Aires: Clacso, 2000, pp. 68-77.

_____. "El post-desarrollo como concepto y práctica social". In:
MATO, D. (org.). *Políticas de economía, ambiente y sociedad en tiem-
pos de globalización*. Caracas: Facultad de Ciencias Económicas y
Sociales, Universidad Central de Venezuela, 2005, pp. 17-31.

_____. "Cultura y diferencia. La ontología política del campo de cultura y desarrollo", *Revista de Investigación en Cultura y Desarrollo*, 2011. Disponível em: <biblioteca.hegoa.ehu.es/system/ebooks/19420/original/Cultura_y_diferencia.pdf?1366975231>. Acesso em: 3 abr. 2019.

_____. *Sentipensar con la tierra. Nueve lecturas sobre desarrollo, territorio y diferencia*. Medellín: Unaula, 2014.

ESTEVA, Gustavo. "'Commons: más allá de los conceptos de bien, derecho humano y propiedad'. Entrevista con Gustavo Esteva sobre el abordaje y la gestión de los bienes comunes". Entrevista realizada por Anne Becker durante a Conferencia Internacional sobre Ciudadanía y Comunes, México, dez. 2007.

FELIZ, Mariano. "Proyecto sin clase: crítica al neoestructuralismo como fundamento del neodesarrollismo". In: FELIZ et al. *Más allá del individuo. Clases sociales, transformaciones económicas y políticas estatales en la Argentina contemporánea*. Buenos Aires: El Colectivo, 2012, pp. 13-44.

FIDH. *Criminalización de defensores de derechos humanos en el contexto de fenómenos industriales. Un fenómeno regional en América Latina*. 2015. Disponível em: <www.fidh.org/IMG/pdf/criminalisationobsan gocto2015bassdef.pdf>. Acesso em: 3 abr. 2019.

FONDO DE ACCIÓN URGENTE-AMÉRICA LATINA. *Extractivismo en América Latina y su impacto en la vida de las mujeres*. Colômbia: FAU; AL, 2017.

FONTAINE, Guillaume. "Enfoques conceptuales y metodológicos para una sociología de los conflictos ambientales, escrito a propósito del petróleo y los grupos étnicos en la región amazónica", 2003. Disponível em: <library.fes.de/pdf-files/bueros/kolumbien/01993/12.pdf>. Acesso em: 3 abr. 2019.

FUNDACIÓN SOLÓN. "Resultados de búsqueda para: El Bala". Disponível em: <fundacionsolon.org/?s=El+Bala>. Acesso em: 3 abr. 2019.

GAGO, Verónica; MEZZADRA, Sandro. "Para una crítica de las operaciones extractivas del capital, Patrón de acumulación y luchas sociales en el tiempo de la financiarización", *Nueva Sociedad*, n. 255, 2015.

GALINDO, María; SÁNCHEZ, Sonia. *Ninguna mujer nace para puta*. Buenos Aires: La Vaca, 2007.

GANDARILLAS, Marcos. "Extractivismo y derechos laborales. Dilemas del caso boliviano", 2013. Disponível em: <www.cedib.org/wp-

content/uploads/2013/07/empleo_hegoa_gandarillas.pdf>.
Acesso em: 3 abr. 2019.

_____. "Bolívia: la década dorada del extractivismo". In: *Extractivismo: nuevos contextos de dominación y resistencia*. Cochabamba: CEDIB, 2014, pp. 67-103.

GARCÍA, Alan. "El síndrome del perro del hortelano", *El Comercio*, 28 out. 2007. Disponível em: <elcomercio.pe/edicionimpresa/html/2007-10-28/el_sindrome_del_perro_del_hort.html>. Acesso em: 3 abr. 2019.

GARCÍA, Álvaro. *Geopolítica de la Amazonia*: *Poder hacendal-patrimonial y acumulación capitalista*. La Paz: Vicepresidencia del Estado Plurinacional, 2012.

GARGALLO, F. *Feminismos desde Abya Yala. Ideas y proposiciones de las Mujeres de 607 pueblos en nuestra América*. Bogotá: Desde Abajo, 2015.

GAUDICHAUD, Franck. "'Progresismo transformista', neoliberalismo maduro y resistencias sociales emergentes", *Revista Osal*, 2014. Disponível em: <www.rebelion.org/noticia.php?id=184776>. Acesso em: 3 abr. 2019.

GIARRACCA, Norma; TEUBAL, Miguel (orgs.). *Actividades extractivas en expansión. ¿Reprimarización de la economía argentina?* Buenos Aires: Antropofagia, 2013.

GILLIGAN, Carol. *La ética del cuidado*. Barcelona: Cuadernos de la Fundació Víctor Grífols i Lucas, 2015. Disponível em: <www.secpal.com/%5CDocumentos%-5CBlog%5Ccuaderno30.pdf>. Acesso em: 3 abr. 2019.

GILLY, Adolfo. *Chiapas, la razón ardiente*. México: Era, 1997.

GOFFMAN, Erving. *Les cadres de l'experience*. Paris: Minuit, 1991.

GRUPO DE ESTUDIOS DE PROTESTA SOCIAL Y ACCIÓN COLECTIVA. *Transformaciones de la protesta social en Argentina 1989-2003*. Documento de trabalho, Instituto G. Germani, 2006.

GUDYNAS, Eduardo. "La ecología política del giro biocéntrico en la nueva Constitución del Ecuador", *Revista de Estudios Sociales*, n. 32, pp. 34-47, 2009a.

_____. "Diez tesis urgentes sobre el nuevo extractivismo".

In: SCHULDT, Jürgen; ACOSTA, Alberto; BARANDIARÁN, Alberto; BEBBINGTON, Anthony; FOLCHI, Mauricio; ALAYZA, Alejandra; GUDYNAS, Eduardo. *Extractivismo, política y sociedad*. Quito: CAAP/Claes, 2009b.

_____. *Extractivismos. Ecología, economía y política de un modo de entender el desarrollo y la naturaleza*. Cochabamba: Claes/Cedib, 2015.

GUTIÉRREZ, Raquel. *Horizontes popular-comunitarios*. Madri: Traficantes de sueños, 2017.

HAESBAERT, Rogerio. *El mito de la desterritorialización. Del "fin de los territorios a la multiterritorialidad"*. Cidade do México: Siglo XXI, 2011.

HAMILTON, Clive. *Les apprentis sorciers. Raison et déraisons de la géo--ingénierie*. Collection Anthropocene. Paris: Sueil, 2013.

HARAWAY, Donna. "Antropoceno, Capitaloceno, Plantacionoceno, Chthuluceno: generando relaciones de parentesco", *Revista Latinoamericana de Estudios Críticos Animales*, 2016.

HARVEY, D. "El nuevo imperialismo: Acumulación por desposesión", *Socialist Register*, 2004. Disponível em: <bibliotecavirtual.clacso.org.ar/ar/libros/social/harvey.pdf>. Acesso em: 3 abr. 2019.

HOETMER, Raphael; CASTRO, Miguel; DAZA, Mar; DE ECHAVE, José. *Minería y movimientos sociales en el Perú. Instrumentos y propuestas para la defensa de la vida, el agua y los territorios*. Lima: CooperAcción/PDGT, 2013.

JELIN, Elizabeth. "Los movimientos sociales en la Argentina contemporánea". In: *Los nuevos movimientos sociales*. Buenos Aires: Ceal, 1987, pp. 13-40.

_____. "La escala de los movimientos sociales". In: *Más allá de la nación: las escalas múltiples de los movimientos sociales*. Buenos Aires: Zorzal, 2003.

KEINERT, F. C. "Os sentidos do lulismo: reforma gradual e pacto conservador", *Tempo Social*, v. 24, n. 2, pp. 255-60, 2012. Disponível em: <www.scielo.br/pdf/ts/v24n2/v24n2a14.pdf>. Acesso em: 3 abr. 2019.

KESSLER, G. *La sociedad argentina hoy. Radiografía de una nueva estructura*. Buenos Aires: Siglo XXI/Osde, 2016.

KOLBERT, Elizabeth. *La sexta extinción*. Barcelona: Crítica, 2015.

KOROL, Claudia. *Feminismos populares. Pedagogías y políticas*. Buenos Aires: América Libre/El Colectivo, 2016.

KOSELLECK, R. *Futuro pasado: para una semántica de los tiempos históricos*. Barcelona: Paidós Ibérica, 1993.

LABORATORIO DE PAZ. "Estado reconoce en CIDH que no ha realizado estudio de impacto ambiental para Arco Minero", 2016. Disponível em: <www.laboratoriosdepaz.org/estado-reconoce-en-cidh-que-no-ha-realizado-estudio-de-impacto-ambiental-para-arco-minero>. Acesso em: 3 abr. 2019.

LANDER, Edgardo. "Tensiones/contradicciones en torno al extractivismo en los procesos de cambio: Bolivia, Ecuador y Venezuela". In: OSPINA, Pablo; LANDER, Edgardo; ARZE, Carlos; GÓMEZ, Javier; ÁLVAREZ, Víctor. *Promesas en su laberinto. Cambios y continuidades en los gobiernos progresistas de América Latina*. Quito: Cedla, 2013.

_____. *El neoextractivismo como modelo de desarrollo en América Latina y sus contradicciones*, 2014. Disponível em: <mx.boell.org/sites/default/files/edgardolander.pdf>. Acesso em: 3 abr. 2019.

LANG, Miriam; MOKRANI, Dunia (orgs.). *Más allá del desarrollo*. Equador: Fundación Rosa Luxemburgo/Abya Yala, 2012.

LEFF, Enrique. "La ecología política en América Latina: un campo de construcción". In: ALIMONDA, Héctor. *Los tormentos de la materia. Aportes para una ecología política latinoamericana*. Buenos Aires: Clacso, 2004.

LEIRAS, Marcelo; MALAMUD, Andrés; STEFANONI, Pablo. *Por qué retrocede la izquierda*. Buenos Aires: Capital Intelectual, 2016.

LEMUS, Jesús J. *México a cielo abierto. De cómo el boom minero resquebrajó al país*. México: Grijalbo, 2018.

LÉON, Magdalena. "Cambiar la economía para cambiar la vida. Desafíos de una economía para la vida". In: ACOSTA, A.; MARTÍNEZ. E. (orgs.). *El buen vivir. Una vía para el desarrollo*. Quito: Abya Yala, 2009.

LÓPEZ, M. "La protesta popular en la Venezuela contemporánea. Enfoque conceptual, metodológico y fuentes". In: RODRÍGUEZ, J. (org.).

Visiones del oficio. Historiadores venezolanos en el siglo XXI. Caracas: Academia Nacional de la Historia/FHE/UCV, 2000, pp. 399-412.

LÖWY, Michael. *Ecosocialismo. La alternativa radical a la catástrofe ecológica capitalista*. Buenos Aires: El Colectivo/Herramienta, 2011.

MACHADO, Decio; ZIBECHI, Raúl. *Cambiar el mundo desde arriba. Los límites del progresismo*. Bogotá: Desde Abajo, 2016.

MACHADO ARÁOZ, Horacio. "Naturaleza mineral. Una ecología política del colonialismo moderno". Tese de doutorado. Universidad Nacional de Catamarca, Argentina, 2012.

_____. "Crisis ecológica, conflictos socioambientales y orden neocolonial. Las paradojas de Nuestra América en las fronteras del extractivismo", *Revista Brasileira de Estudos Latino-Americanos*, v. 3, n. 1, pp. 118-55, 2013. Disponível em: <rebela.edugraf.ufsc.br/index.php/pc/article/view/137>. Acesso em: 3. abr. 2019.

_____. *Potosí, el origen*. Buenos Aires: Mardulce, 2014.

MALDONADO, Ángel. "Editorial". *Boletín Reinventerra*, 2016.

MANÇANO FERNANDES, Bernardo. "Movimentos socioterritoriais e movimentos socioespaciais. Contribuição teórica para uma leitura geográfica dos movimentos sociais", *Revista Nera*, v. 6, n. 16, 2005.

_____. "Sobre la tipología de los territorios". 2008. Disponível em: <web.ua.es/es/giecryal/documentos/documentos839/docs/bernardo-tipologia-de-territorios-espanol.pdf>. Acesso em: 3 abr. 2019.

MARCOS, Sylvia. "Feminismos en el camino descolonial". In: MÁRGARA, Millán (coord.). *Más allá del feminismo. Caminos para andar, red de feminismos descoloniales*, pp. 15-35, 2014. Disponível em: <feminismosdescoloniales.files.wordpress.com/2015/08/mac c81s-allacc81-con-porta.pdf>. Acesso em: 3 abr. 2019.

MARTÍNEZ, J. *El ecologismo de los pobres. Conflictos ambientales y lenguajes de valoración*. Barcelona: Icaria Antrazo/Flacso Ecología, 2004.

_____. "El triunfo del posextractivismo en 2015", Sinpermiso, 2015. Disponível em: <www.sinpermiso.info/textos/indexphp?id=7778>. Acesso em: 3 abr. 2019.

MAX-NEEF, Manfred; ELIZALDE, Antonio; HOPENHAYN, Martin. "Desarrollo a Escala Humana, una opción para el futuro", *Development Dialogue*, ed. especial, 1986.

MEALLA, Eloy. "El regreso del desarrollo". In: SCANNONE, J. C.; GARCÍA DELGADO, D. *Ética, desarrollo y región*. Buenos Aires: Grupo Farrel/Ciccus, 2006.

MELÓN, Daiana (org.). *La Patria sojera. El modelo agrosojero en el Cono Sur*. Buenos Aires: El Colectivo, 2014.

MELUCCI, Alberto. "Qu'y a-t-il de nouveau dans les 'nouveaux mouvements sociaux'". In: MAHEU, Louis; SALES, Antonio. *La recomposition du politique*. Quebec: Presses de l'Université de Montréal, 1991, pp. 129-62.

_____. "Asumir un compromiso: identidad y movilización en los movimientos sociales", *Zona-Abierta*, v. 69, pp. 153-78, 1994.

MERLINSKY, Gabriela (org.). *Cartografías del conflicto ambiental en Argentina*. Buenos Aires: Ciccus/Clacso, 2016.

MEYER, David; GAMSON, William. "Marcos interpretativos de la oportunidad política". In: MCADAM, Doug; MCARTHY, John; ZALD, Mayer (orgs.). *Movimientos sociales, perspectivas comparadas: oportunidades políticas, estructuras de movilización y marcos interpretativos culturales*. Madri: Istmo, 1999.

MILLÁN, Márgara (org.). *Más allá del feminismo: caminos para andar, red de feminismos descoloniales*, 2013. Disponível em: <feminismosdescoloniales.files.wordpress.com/2015/08/macc81s-allacc-81-con-porta.pdf>. Acesso em: 3 abr. 2019.

MIRANDA, Boris. "La 'escalofriante' alianza entre la minería ilegal y la explotación sexual en Sudamérica", *BBC Mundo*, 12 abr. 2016. Disponível em: <www.bbc.com/mundo/noticias/2016/04/160406_america_latina_alianza_siniestra_mineria_ilegal_trata_mujeres_prostitucion_sexual_bm>. Acesso em: 3 abr. 2019.

MODONESI, Massimo. "Revoluciones pasivas en América Latina. Una aproximación gramsciana a la caracterización de los gobiernos progresistas de inicio de siglo". In: THWAITTES REY, Mabel (org.). *El Estado en América Latina: continuidades y rupturas*. Santiago: Clacso/Arcis, 2010.

_____. "Subalternización y revolución pasiva". In: *El principio antagonista. Marxismo y acción política*. Cidade do México: Itaca/Unam, 2016.

_____; SVAMPA, M. "Post-progresismo y horizontes emancipatorios en América Latina", *Rebelión*, 2016. Disponível em: <rebelion.org/noticia.php?id=215469>. Acesso em: 3 abr. 2019.

MOORE, J. W. "El auge de la ecología-mundo capitalista (I): las fronteras mercantiles en el auge y decadencia de la apropriación máxima", *Laberinto*, n. 38, pp. 9-26, 2013.

_____. "El auge de la ecología-mundo capitalista (II): las fronteras mercantiles en el auge y decadencia de la apropiación máxima", *Laberinto*, n. 39, pp. 21-30, 2013.

MORENO, Camila. "La economía verde: una nueva fuente de acumulación primitiva". In: *Alternativas al capitalismo/colonialismo del siglo XXI*. Quito: Fundación Rosa Luxemburgo/Abya Yala, 2013.

MUJERES CREANDO. *La virgen de los deseos*. Buenos Aires: Tinta Limón, 2005.

MURCIA, Diana; PUYANA, Aura María. *Mujeres indígenas y conflictos socioambientales*. Bogotá: Programa Fortalecimiento de Organizaciones Indígenas en América Latina/Deutsche Gesellschaft für Internationale Zusammenarbeit. 2016. Disponível em: <www.infoindigena.org/images/Publicaciones_generales/Genero/Mujeres-Indgenas-y-conflictos-socio-ambientales-f.compressed.pdf>. Acesso em: 3 abr. 2019.

NAVARRO, Mina L. *Luchas por lo común. Antagonismo social contra el despojo capitalista de los bienes naturales en México*. Cidade do México: Ediciones Bajo Tierra, 2015.

O'CONNOR, James. *Causas naturales. Ensayo de marxismo ecológico*. Buenos Aires: Siglo XXI, 2001. Disponível em: <theomai.unq.edu.ar/Conflictos_sociales/OConnor_2da_contradiccion.pdf>. Acesso em: 3 abr. 2019.

OCMAL. *Cuando tiemblan los derechos. Extractivismo y criminalización en América Latina*. Quito: Ocmal/Acción Ecológica, 2011.

OXFAM. *Las mujeres rurales de América Latina son luchadoras, no criminales*, 2014. Disponível em: <www.oxfam.org/es/crece-peru-mexico-el-salvador-guatemala-bolivia/las-mujeres-rurales-de-america-latina-son-luchadoras>. Acesso em: 3 abr. 2019.

_____. *Desterrados, tierra, poder y desigualdad en América Latina*, 2016. Disponível em: <www.oxfam.org/sites/www.oxfam.org/files/file_attachments/desterrados-full-es-29nov-web_0.pdf>. Acesso em: 3 abr. 2019.

PALACIOS, M.; PINTO, V.; HOETMER, R. *Minería transnacional, comunidades y las luchas por el territorio en el Perú: el caso de Conacami*. Lima: CooperAcción/Conacami, 2008.

PARDO, Daniel. "Lo que se sabe de la supuesta masacre de 28 mineros en Venezuela", *BBC Mundo*, 2016. Disponível em: <www.bbc.com/mundo/noticias/2016/03/160307_venezuela_mineros_tumeremo_dp>. Acesso em: 3 abr. 2019.

PAREDES, Julieta. *Hilando fino. Desde el feminismo comunitario*, 2008. Disponível em: <mujeresdelmundobabel.org/files/2013/11/Julieta-Paredes-Hilando-Fino-desde-el-Fem-Comunitario.pdf>. Acesso em: 3 abr. 2019.

PASCUAL, Marta; HERRERO, Yayo. "Ecofeminismo, una propuesta para repensar el presente y construir el futuro", *Boletín Ecologistas en Acción*, n. 10, 2010.

PÉREZ, Amaia. *Cadenas globales del cuidado*, Nações Unidas, 2007. Disponível: <mueveteporlaigualdad.org/publicaciones/cadenasglobalesdecuidado_orozco.pdf>. Acesso em: 3 abr. 2019.

_____. "Prefacio". In: *La economía feminista desde América Latina. Una hoja de ruta sobre los debates en la región*, ONU Mulheres, 2012. Disponível em: <www.unwomen.org/~/media/Headquarters/Media/Publications/es/conomiafeministadesdeamericalatina.pdf>. Acesso em: 3 abr. 2019.

PETERS, Stefan. "Fin del ciclo: el neo-extractivismo en Suramérica frente a la caída de los precios de las materias primas. Un análisis desde una perspectiva de la teoría rentista". In: BURCHARDT, Has-Jürgen; DOMÍNGUEZ, Rafael; LARREA, Carlos; PETERS, Stefan (orgs.). *Nada dura para siempre. Neoextractivismo después del boom de las materias primas*. Quito: Abya Yala, 2016, pp. 21-54.

PINTOS, Patricia. "Cambios en la configuración de los territorios metropolitanos y proyectos en pugna en un país de la periferia capitalista". In: PINTOS, Patricia; NARODOWSKI, Patricio (orgs.). *La privatopía sacrílega: efectos del urbanismo privado en humedales de la cuenca baja del río Luján*. Buenos Aires: Imago Mundi, 2012.

PORTO-GONÇALVES, C. W. *Geografías, movimientos mociales: nuevas territorialidades y sustentabilidad*. Cidade do México: Siglo XXI, 2001.

_____. "Amazonia, Amazonias. Tensiones territoriales actuales", *Nueva Sociedad*, n. 272, pp. 150-9, 2017.

PRECIADO, J. "Paradigma social en debate: aportaciones del enfoque geopolítico crítico. La Celac en la integración autónoma de América Latina". In: RUIZ, Matha Nélida. *América Latina: la crisis global, problemas y desafíos*. Buenos Aires: Clacso, 2014. Disponível em: <biblioteca.clacso.edu.ar/clacso/se/20140610034022/America Latinaenlacrisisglobal.pdf>. Acesso em: 3 abr. 2019.

PULEO, Alicia. *Ecofeminismo para otro mundo posible*, 2011. Disponível: <www.mujeresenred.net/spip.php?article1921>. Acesso em: 3 abr. 2019.

RAMÍREZ, F. "Decisionismos transformacionales, conflicto político y vínculo plebeyo. La gestión del poder en el nuevo progresismo suda-mericano". In: THWAITTES REY, Mabel (org.). *El Estado en América Latina: continuidades y rupturas*. Santiago: Clacso/Arcis, 2010.

RAMÍREZ GARCÍA, Hugo Saúl. *Biotecnología y ecofeminismo. Un estudio de contexto, riesgos y alternativas*. Cidade do México: Tirant lo Blanch, 2012.

RED DE FEMINISMOS DESCOLONIALES. "¿Quiénes somos?". Disponível em: <feminismosdescoloniales.wordpress.com/about>. Acesso em: 3 abr. 2019.

RESUMEN LATINOAMERICANO. "Entrevista a Magdalena León, economista feminista miembro de la Red Latinoamericana de Mujeres: 'Auditar la deuda sirve para hacer reivindicaciones con conocimiento; no pagar es muy simplista'", *Resumen Latinoamericano*, 2015. Disponível em: <www.resumenlatinoamericano.org/2015/01/08/entrevista-a-magdalena--leon-economista-feminista-miembro-de-la-red-latinoamericana-de--mujeres-auditar-la-deuda-sirve-para-hacer-reivindicaciones-con-co-nocimiento-no-pagar-es-muy-simplista>. Acesso em: 3 abr. 2019.

RIVAS, Antonio. "El análisis de marcos: Una metodología para el estudio de los movimientos sociales". In: IBARRA, P.; TEJERINA, B. *Los movimientos sociales. Transformaciones políticas y cambios culturales*. Madri: Trotta, 1998.

ROA, Tatiana; SCANDIZZO, Hernán. "Qué entendemos por energía ex-trema". In: *Extremas. Nuevas fronteras del extractivismo energético en Latinoamérica*. Bogotá: Oilwatch Latinoamérica, 2017.

ROA, Tatiana; NAVAS, Luisa María (orgs.). *Extractivismo, conflictos y resistencias*. Bogotá: Censat Agua Viva/Amigos de la Tierra de Colômbia, 2014.

ROA, Tatiana; ROA GARCÍA, María Cecilia; TOLOZA CHAPARRO, Jessica; NAVAS CAMACHO, Luisa María. *Como el agua y el aceite: conflictos socioambientales por la extracción petrolera*. Bogotá: Censat Agua Viva, 2017.

RODRÍGUEZ, Corina. "Economía feminista y economía del cuidado. Aportes conceptuales para el estudio de la desigualdad", *Revista Nueva Sociedad*, n. 256, 2015.

RODRÍGUEZ GARAVITO, César. "El derecho en los campos minados". In: *Etnicidad.gov: los recursos naturales, los pueblos indígenas y el derecho a la consulta previa en los campos sociales minados*. Bogotá: Dejusticia, 2012, pp. 8-24.

_____ (org.). *Extractivismo versus derechos humanos. Crónicas de los nuevos campos minados en el Sur Global*. Buenos Aires: Siglo XXI, 2016.

ROMERO, César; RUIZ, Francisco. "Dinámica de la minería a pequeña escala como sistema emergente". In: GABBERT, K.; MARTÍNEZ, Alexandra (orgs.). *Venezuela desde adentro. Ocho investigaciones para un debate necesario*. Quito: Fundación Rosa Luxemburgo, 2018, pp. 87-144.

SACHER, W. "Segunda contradicción del capitalismo y megaminería. Reflexiones teóricas y empíricas a partir del caso argentino". Tese de doutorado, Flacso-Ecuador, 2016.

SACK, Robert. *Human Territoriality: Its Theory and History*. Cambridge: Cambridge University Press, 1986.

SAGUIER, Marcelo; PEINADO, Guillermo. "Minería transnacional y desarrollo en el kirchnerismo", Flacso-Isa Joint International Conferencie Global and Regional Powers in a Changing World, Buenos Aires, 2014.

SALAMA, Pierre. "China-Brasil: industrialización y 'desindustrialización temprana'", *Open Journal System*, 2011. Disponível em: <www.revistas.unal.edu.co/index.php/ceconomia/article/view/35841/39710>. Acesso em: 3 abr. 2019.

_____. *Les Économies emergentes latino-américaines. Entre cigales et fourmis*. Paris: Armand Colin, 2012.

_____. "¿Se redujo la desigualdad en América Latina? Notas sobre una ilusión", *Nueva Sociedad*, 2015. Disponível em: <nuso.org>. Acesso em: 3 abr. 2019.

SANTOS, M. "O retorno do território". *Reforma agraria y lucha por la tierra en América Latina, territorios y movimientos sociales*, Osal, v. VI, n. 16, 2005.

SASSEN, Saskia. *Los espectros de la globalización*. Buenos Aires: FCE, 2003a.

_____. *Contrageografías de la globalización. Género y ciudadanía en los circuitos fronterizos*. Madri: Mapas/Traficantes de Sueños, 2003b.

_____. *Expulsiones, brutalidad y complejidad en la economía global*. Buenos Aires: Katz, 2015.

SCHAVELZON, Salvador. "El Estado neoliberal terminó gobernando el progresismo". Entrevista publicada por Alejandro Zegada, 12 maio 2016. Disponível em: <anarquiacoronada.blogspot.com. ar/2016/05/el-estado-neoliberal-termino-gobernando.html>. Acesso em: 3 abr. 2019.

SCHULDT, Jürgen; ACOSTA, Alberto. "Petróleo, rentismo y subdesarrollo: ¿Una maldición sin solución?". In: SCHULDT, Jürgen; ACOSTA, Alberto; BARANDIARÁN, Alberto; BEBBINGTON, Anthony; FOLCHI, Mauricio; ALAYZA, Alejandra; GUDYNAS, Eduardo. *Extractivismo, política y sociedad*. Quito: Caap/Claes, 2009.

SEMPERE, Joaquim. "Sobre la Revolución Rusa y el comunismo del siglo XX", 2015. Disponível em: <centenarirevoluciorussa.wordpress. com/2015/05/01/31>. Acesso em: 3 abr. 2019.

SHIVA, Vandana; MIES, María. *La práxis del ecofeminismo. Biotecnología, consumo, reproducción*. Barcelona: Icaria, 1998.

SINGER, André. "Os sentidos do lulismo: reforma gradual e pacto conservador", *Tempo Social*, v. 24, n. 2, 2012. Disponível em: <www. scielo.br/pdf/ts/v24n2/v24n2a14.pdf>.

"Situación de los derechos humanos de los pueblos indígenas en Bolivia". Documento das organizações de direitos humanos para o Fórum Permanente para os Povos Indígenas, La Paz, Bolívia, 2010.

SLIPAK, A. "La expansión de China en América Latina: incidencia en los vínculos comerciales argentino-brasileros". Congreso de Economía Política Internacional, 5 y 6 de noviembre. Universidad Nacional de Moreno, Buenos Aires, 2014.

SOLA, M.; BOTTARO, L. "La expansión del extractivismo y los conflictos socioambientales en torno a la megaminería a cielo abierto en Argentina", *Revista Latinoamericana Pacarina de Ciencias Sociales y Humanidades*, v. 4, pp. 89-100, 2013.

SOLÓN, Pablo (org.). *Alternativas sistémicas.* La Paz: Fundación Solón/Attac France/Focus on the Global South, 2017. [*Alternativas sistêmicas: Bem Viver, decrescimento, comuns, ecofeminismo, direitos da Mãe Terra e desglobalização.* São Paulo: Elefante, 2019.]

SUBIRATS, Joan. "Algunos apuntes sobre la relación entre los bienes comunes y la economía social y solidaria", *Otra Economía*, v. 5, n. 9, pp. 195-204, 2011.

SVAMPA, Maristella. *Cambio de época: movimientos sociales y poder político.* Buenos Aires: Siglo XXI/Clacso, 2008.

_____. *Movimientos sociales, matrices socio-políticos y nuevos escenarios en América Latina.* Alemanha: Universitätsbibliothek Kassel, 2010.

_____. "Consenso de los Commodities y lenguajes de valoración en América Latina", *Nueva Sociedad*, 2013. Disponível em: <nuso. org/articulo/consenso-de-los-commodities-y-lenguajes-de-valoracion-en-america-latina>. Acesso em: 3 abr. 2019.

_____. "Feminismos del sur y ecofeminismos", *Nueva Sociedad*, n. 256, 2015. Disponível em: <nuso.org/media/articles/down loads/_1.pdf>. Acesso em: 3 abr. 2019.

_____. *Debates latinoamericanos: indianismo, desarrollo, dependencia y populismo.* Buenos Aires: Edhasa, 2016.

_____. *Del cambio de época al fin de ciclo: gobiernos progresistas, extractivismo y movimientos sociales en América Latina.* Buenos Aires: Edhasa, 2017.

SVAMPA, Maristella; SLIPAK, A. "China en América Latina: Del Consenso de los Commodities al Consenso de Beijing". *Ensambles*, n. 3, pp. 34-63, 2016,

SVAMPA, Maristella; VIALE, E. *Maldesarrollo: la Argentina del extractivismo y el despojo.* Buenos Aires: Katz, 2014.

_____. "La trumpización de la política ambiental", *Clarín*, 2017. Disponível em: <www.clarin.com/opinion/trumpizacion-politica-ambiental_0_HkCTc9bae.html>. Acesso em: 3 abr. 2019.

TARROW, S. *El poder en movimiento. Los movimientos sociales, la acción colectiva y la política*. Madri: Alianza, 1997.

TERÁN, Emiliano. "Las nuevas fronteras de las commodities en Venezuela: extractivismo, crisis histórica y disputas territoriales", *Ciencia Política*, v. 11, n. 21, pp. 251-85, 2016.

TILLY, C.; TARROW, S. *La politica del conflitto*. Milão: Bruno Mondadori, 2008.

TOLEDO, Víctor. "Salir del capitalismo. La revolución agroecológica y la economía social y solidaria en América Latina". In: CORAGGIO, J. Luis (org.). *Economía social y solidaria en movimiento*. Buenos Aires: Ungs, 2016, pp. 143-58.

TOURAINE, A. *Actores sociales y sistema político en América Latina*. Santiago: Prealc, 1988.

UNCETA, Koldo. "Desarrollo, subdesarrollo, maldesarrollo y postdesarrollo. Una mirada transdisciplinar sobre el debate y sus implicaciones". *Carta Latinoamericana, Contribuciones en Desarrollo y Sociedad en América Latina*, n. 7, 2009.

_____. *Más allá del crecimiento. Debates sobre desarrollo y dosdesarrollo*. Buenos Aires: Mardulce, 2015.

VILLEGAS, Pablo N. "Notas sobre movimientos sociales y gobiernos progresistas". In: *Extractivismo: nuevos contextos de dominación y resistencias*. Cochabamba: Cedib, 2014, pp. 9-66.

VITTOR, Luis. "Conacami: 10 años tejiendo resistencias a la minería en Perú", *América Latina en movimiento*, 2009. Disponível em: <alai net.org/active/30470>. Acesso em: 3 abr. 2019.

VIVEIROS DE CASTRO, Eduardo. "El cascabel del Chamán es un acelerador de partículas". In: *La mirada del jaguar. Introducción al perspectivismo amerindio* (entrevistas). Buenos Aires: Tinta Limón, 2008, pp. 9-34.

WAINER, A.; SCHORR, M. "Concentración y extranjerización del capital en la Argentina reciente: ¿Mayor autonomía nacional o incremento de la dependencia?", *Latin American Research Review*, v. 49, n. 3, pp. 103-25, 2014.

ZAVALETTA, René. *Lo nacional-popular en Bolivia*. La Paz: Plural, 2009.

ZIBECHI, Raúl. "Tensiones entre extractivismo y redistribución en los procesos de cambio", *Alternativas al desarrollo extractivista y antropocéntrico*, 2011. Disponível em: <www.aldeah.org/es/raul-

zibechi-tensiones-entre-extractivismo-y-redistribucion-en-los-procesos-de-cambio-de-america-lat>. Acesso em: 3 abr. 2019.

_____. "El fin del consenso lulista", 2013. Disponível em: <asocia ciondeusuarios.blogspot.com.ar/2013/07/el-fin-del-consenso-lulista.html>. Acesso em: 3 abr. 2019.

_____. "El mito del progresismo y la desigualdad en América Latina", URNG, 2015. Disponível em: <www.urng-maiz.org.gt/2015/11/el-mito-del-progresismo-y-la-desigualdad-en-america-latina>. Acesso em: 3 abr. 2019.

ZORRILLA, Carlos; SACHER, William; ACOSTA; Alberto. "21 preguntas para entender la minería del siglo 21", *Rebelión*, 2012. Disponível em: <rebelion.org/docs/138009.pdf>. Acesso em: 3 abr. 2019.

Divulgação

Maristella Svampa é socióloga, escritora e pesquisadora argentina. É formada em filosofia pela Universidade Nacional de Córdoba, com doutorado em sociologia pela École Pratique des Hautes Études, na França. É pesquisadora principal do Consejo Nacional de Investigaciones Científicas y Técnicas (Conicet) e professora titular da Universidade Nacional de La Plata no campo da teoria social latino-americana. Em 2006, recebeu a bolsa Guggenheim e o diploma Konex em sociologia; em 2014, recebeu o diploma Konex em ensaio político e sociológico; em 2016, foi agraciada com o prêmio Konex de Platina em sociologia. Em 2019, ganhou o Prêmio Nacional de Ensaio Sociológico, atribuído pela Secretaria de Cultura da Argentina, pelo livro *Debates latinoamericanos: indianismo, desarrollo, dependencia y populismo* (2016). Seus primeiros trabalhos se debruçam sobre os movimentos sociais e a sociologia política. Posteriormente, concentrou-se no estudo da problemática socioecológica e no acompanhamento de diferentes lutas ecoterritoriais na América Latina. Escritos coletivamente, os livros *15 mitos y realidades de la minería transnacional en Argentina* (2011), publicado na Argentina, no Uruguai e no Equador, e *20 mitos y realidades del fracking* (2014), ambos muito difundidos na região, são fruto do vínculo com as lutas socioambientais. Entre suas últimas obras constam *Maldesarrollo: la Argentina del extractivismo y el despojo* (2014, em colaboração com E. Viale) e *Del cambio de época al fin de ciclo: gobiernos progresistas, extractivismo y movimientos sociales en América Latina* (2017). É autora de três romances, todos situados na Patagônia argentina: *Los reinos perdidos* (2006), *Donde están enterrados nuestros muertos* (2012) e *El muro* (2013). Em 2018 também publicou o ensaio autobiográfico *Chacra 51: regreso a la Patagonia en los tiempos del fracking*.

[cc] Editora Elefante, 2019
[cc] Maristella Svampa, 2019

Título original:
Las fronteras del neoextractivismo en América Latina: conflictos socioambientales, giro ecoterritorial y nuevas dependencias
[cc] Universidad de Guadalajara/CALAS

This translation is published by arrangement with
Center for Advanced Latin American Studies (CALAS)

Você tem a liberdade de compartilhar, copiar,
distribuir e transmitir esta obra, desde que
cite a autoria e não faça uso comercial.

Primeira edição, novembro de 2019
Primeira reimpressão, agosto de 2023

São Paulo, Brasil

Dados Internacionais de Catalogação na Publicação (CIP)
Angélica Ilacqua CRB-8/7057

Svampa, Maristella
As fronteiras do neoextrativismo na América Latina :
    conflitos socioambientais, giro ecoterritorial e novas
    dependências / Maristella Svampa ; tradução de
    Lígia Azevedo. – São Paulo : Elefante, 2019.
    192 p.

ISBN 978-85-93115-45-5

1. Neoextrativismo - América Latina 2. América Latina –
Desenvolvimento econômico 3. Utilização e conservação
de recursos naturais 4. Crise mundial 5. Crise ambiental
I. Título II. Azevedo, Lígia

19-1912   CDD 330.98

Índices para catálogo sistemático:
1. América Latina - Condições econômicas e sociais

---

elefante

editoraelefante.com.br
contato@editoraelefante.com.br
fb.com/editoraelefante
@editoraelefante

Aline Tieme [comercial]
Samanta Marinho [financeiro]
Sidney Schunck [design]
Teresa Cristina [redes]

fontes GT Walsheim Pro & Fournier MT Std
papel Kraft 240 g/m² e Pólen natural 80 g/m²
impressão BMF Gráfica